MANUAL DE OBSERVACIÓN DE ECLIPSES DE SOL

El trío de eclipses de la península Ibérica 2026-2027-2028

Jordi Lopesino

Acceda a www.marcombo.info
para descargar gratis
contenidos adicionales
complemento imprescindible de este libro

Código: `ECLIPSES26`

Marcombo

A Ferran Grau Horta,
amigo y compañero de astronomía,
deseando que se cumpla su sueño:
descubrir un día un exoplaneta

Manual de observación de eclipses de Sol
El trío de eclipses de la península Ibérica 2026-2027-2028

© 2025 Jordi Lopesino

Primera edición: noviembre 2025
Segunda edición: mayo 2026

© 2025 MARCOMBO, S.L. www.marcombo.com
Gran Via de les Corts Catalanes 594, 08007 Barcelona
Contacto: info@marcombo.com

Diseño de cubierta: ENEDENÚ DISEÑO GRÁFICO
Maquetación: Coopera editorial
Corrección: Nuria Barroso
Directora de producción: M.ª Rosa Castillo

ISBN: 978-84-267-4082-3
D.L.: B 17511-2025

Impresión: Andalusi
Printed in Spain

Libro ecológico
Impreso con papel procedente de bosques gestionados
de manera eficiente, libre de cloro

ÍNDICE

Este libro contiene mapas para la mejor comprensión de los eclipses. Para verlos con más detalle y ampliación le recomendamos utilizar los QR anexos a los mapas.

Algunos le mostrarán los mapas y datos de interés con una ampliación adecuada en su teléfono, tableta u ordenador.

Otros le enviarán directamente a las fuentes originales donde podrá manipular los mapas a su conveniencia.

INTRODUCCIÓN

EL UNIVERSO MÁS CERCANO

Por muy poca astronomía que sepamos somos muy conscientes de la parte más cercana de nuestro Universo. El Sol, por ejemplo, es la estrella más próxima a la Tierra. Lo vemos cada día saliendo por el Este, surcar el cielo y ponerse por el Oeste. Hasta la última persona de nuestro planeta sabe lo que eso significa: día y noche.

Y cuando el Sol no está brillando en el firmamento el cielo nos brinda miles de estrellas. Son otros soles, algunos parecidos al nuestro, que brillan en la lejanía.

¿Y la Luna? Nuestro satélite natural, con sus fases, es imposible no verla. Le debemos mucho a la Luna. Sin ella no existiríamos porque ha estabilizado el eje de rotación de nuestro planeta.

Es evidente que la humanidad siempre ha sido consciente de estos elementos. De hecho, el Sol, la Luna y las estrellas han sido nuestro primer reloj y calendario. Eso significa que desde los albores de la humanidad millones de personas han observado estos elementos y han tomado buena nota de lo que sucedía con ellos y entre ellos. Y los eclipses de Sol y de Luna no pasaban desapercibidos. Pasado el primer momento de desconcierto o terror, ¿qué interpretación le daban al fenómeno?

Una cosa es observar y estudiar el cielo y otra muy diferente es que nuestros ancestros entendieran cómo funcionaba. Cada época y cada civilización antigua ha tenido su versión de cómo funcionaba el Universo. Y cuando digo Universo me refiero a lo más cercano, pues el concepto de Universo vasto e infinito es algo muy moderno. Para ellos el Universo era el mundo donde vivían y lo que les rodeaba. Para ellos el Sol, la Luna, las estrellas estaban muy cerca. Casi los podían tocar con las manos.

COSMOLOGÍA ANTIGUA

Hagamos un repaso de las diferentes concepciones cosmológicas de nuestros ancestros y veamos qué pensaban algunas civilizaciones antiguas sobre el cielo y los eclipses.

INDIA

Los antiguos hindús creían que la Tierra tenía forma abombada y que se sostenía sobre cuatro elefantes gigantes que a su vez estaban sobre una gigantesca tortuga marina que nadaba en el mar de la eternidad. Dicho mar se representaba por una serpiente gigantesca que se mordía la cola y que representaba el cielo. Los hindús creían que un eclipse de Sol sucedía cuando el dios Rahu devoraba nuestra estrella.

Concepción hindú del mundo.

Rahu comiéndose el Sol.
Autor: Rey muh.

CHINA

En la antigüedad, China dedicó muchos esfuerzos a la observación de los cielos. La concepción de la Tierra y sus alrededores era bien curiosa, creían que el mundo estaba rodeado por una cáscara (el firmamento) de una manera muy similar a la cáscara de un huevo. La antigua civilización China tenía diversos observatorios y gente dedicada a observar el cielo cada noche. Poseían un calendario muy preciso y muy parecido al nuestro, con un año de 366 días. Eran capaces de predecir eclipses y se sabe que llegaron a condenar a muerte a unos astrónomos, 2200 años antes de nuestra era, por haber fallado en una predicción. O sea, que se lo tomaban muy en serio. Tenían la creencia de que los eclipses los ocasionaba un dragón que se comía al Sol.

Dragón comiéndose el Sol.

ANTIGUO EGIPTO

Los antiguos egipcios eran grandes astrónomos. Llegaron a calcular y predecir las crecidas del Nilo con la observación de algunas estrellas. Poseían un
extenso conocimiento de la bóveda celeste y la habían parcelado en constelaciones. Su creencia de cómo era la Tierra y su entorno más cercano era
muy simple: plana y rodeada de un río misterioso e infranqueable al otro
lado del cual había cuatro columnas que soportaban el cielo rígido y lleno de
lámparas que se encendían de noche. La concepción religiosa del cosmos la
representaba Nut, diosa madre del firmamento. Su cuerpo era el cielo; las
estrellas, el Sol y la Luna viajaban a través de ella. A pesar de estas creencias
crearon un calendario muy preciso. Tenían tal conocimiento astronómico
que las famosas pirámides están perfectamente orientadas a los puntos
cardinales y algunos conductos de ventilación señalan puntos importantes
del firmamento, como las estrellas del cinturón de Orión. Poseían también
la curiosa creencia de que los eclipses se producían porque un dragón se
tragaba al Sol representado por el dios Ra. ¿Una coincidencia con sus con-
temporáneos chinos?

La concepción religiosa del cosmos la representaba Nut,
diosa madre del firmamento.

GRECIA CLÁSICA

La concepción más antigua de los griegos era que la tierra era plana y redonda y que flotaba en un mar universal. Después evolucionó a una Tierra cilíndrica donde la parte superior, redonda y plana, era la habitada. Más tarde, Eratóstenes demostró que la Tierra es una esfera. El cielo estaba formado por esferas concéntricas que contenían el Sol, la Luna, los planetas y las más alejada, las estrellas. La concepción del Universo era geocéntrica: la Tierra se hallaba en el centro del Universo y el resto giraba a su alrededor. Descubrieron el periodo de Saros, que les permitía predecir eclipses.

La Tierra plana de los griegos.

MAYAS

Eran grandes astrónomos y matemáticos, crearon calendarios muy precisos. Conocían los planetas, sobre todo Venus, al que tenían por un dios terrible. También parcelaron el cielo creando sus propias constelaciones. La concepción del mundo de los mayas se basaba en que la Tierra era plana y la sostenían cuatro gigantes. El cielo estaba sostenido por Ceibas (árbol sagrado de los mayas), uno en cada punto cardinal y otro en el centro de la Tierra. Después de siglos de observar el cielo se dieron cuenta de la periodicidad de los eclipses lunares. Eran capaces de determinar periodos propicios para que sucedieran. A pesar de ese conocimiento, los tenían por peligrosos y celebraban ceremonias especiales para conjurar sus terribles consecuencias.

Calendario maya.

RENACIMIENTO

Con el Renacimiento la Tierra ocupa, finalmente, el lugar que le corresponde: orbitar alrededor del Sol. Este hecho se lo debemos a Nicolas Copérnico, cuya teoría se publicó tras su fallecimiento. En 1609, Galileo Galilei dirige por primera vez un telescopio al cielo y empieza la astronomía moderna.

Galileo, Museo Uffizi. Florencia.

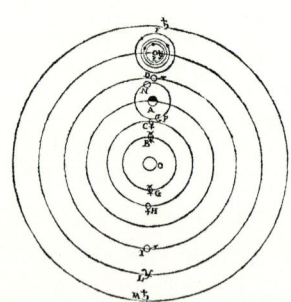

Diagrama de Galileo que muestra el sistema Copernicano del Universo.

VOLVEMOS AL PRESENTE

Así se ve la Vía Láctea desde Sudáfrica.

Está claro que nuestros ancestros eran grandes observadores y conocedores de la bóveda celeste, otra cosa es la interpretación cosmológica de esas observaciones. Cada cultura tuvo su versión, aunque se pueden apreciar algunas coincidencias. Finalmente, la tecnología (telescopios) y la ciencia moderna nos han desvelado nuevos horizontes.

Con alguna excepción, claro. Hasta no hace mucho, una tribu de pigmeos del Sur de África, los bosquimanos del desierto del Kalahari, también conocidos como la tribu san, tenían un concepto de la Tierra y del Universo muy curioso.

Creían (es posible que aún lo crean) que los hombres vivimos dentro de un gigantesco animal. De noche podemos ver su espina dorsal (la Vía Láctea). Para ellos el fin del mundo y del Universo sucederá cuando muera este animal y se acabe pudriendo con nosotros dentro. Puede que algún lector haya sonreído al leer estas líneas, pero si alguna vez va al desierto del Kalahari y mira la bóveda celeste una noche sin luna, con esa Vía Láctea brillando en mitad del firmamento, entenderá perfectamente que los san hayan llegado a esa conclusión.

Y sin salir de África, el pueblo fon, grupo étnico mayoritario en Benín, cree que los eclipses suceden porque la Luna y el Sol se juntan para tener relaciones sexuales.

PRINCIPALES ACTORES DE UN ECLIPSE

Y con la perspectiva que hemos tomado sobre nuestros ancestros es hora de volver al presente y de conocer "qué sabemos" en la actualidad sobre cómo funciona el mundo y sus alrededores. Conocimiento clave para saber cómo funcionan los eclipses.

LA TIERRA

Nuestro mundo es un planeta rocoso, pero el 71 % de su superficie está cubierta por el agua. Por eso también se le conoce como el planeta azul; que es del color que se ve desde el espacio. Eratóstenes tenía razón, nuestro planeta es esférico, con unos 12 756 km de diámetro ecuatorial, y ligeramente achatado por los polos.

Gira sobre sí misma (rotación) en unas 24 horas en sentido antihorario de Oeste a Este, visto desde el polo Norte. La Tierra gira a una velocidad de unos 1670 km/h en el ecuador.

Nuestro mundo es un planeta rocoso, pero el 71 %
de su superficie está cubierta por el agua.

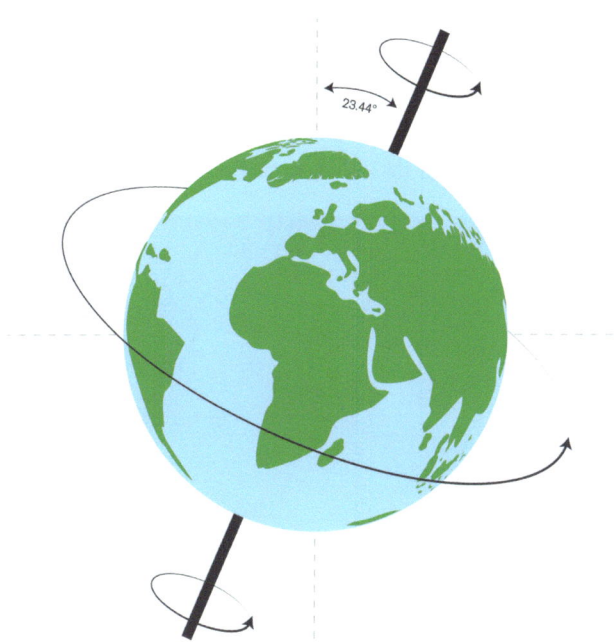

Movimiento de rotación.

VELOCIDAD ANGULAR. La velocidad angular de rotación de la Tierra es de 15 grados por hora. En 24 horas gira 360 grados y completa una vuelta sobre su eje de rotación. La velocidad lineal de rotación es una cosa distinta y varía dependiendo de la latitud. En el ecuador es de 1670 km/h pero va disminuyendo de velocidad hasta llegar a los polos, donde su valor en cero.

ROTACIÓN TIERRA. Desde nuestro punto de vista (Tierra), el Sol sale por el Este y se pone por el Oeste. Esto se debe a que el sentido de rotación de la Tierra es exactamente lo contrario: gira sobre su propio eje de Oeste a Este.

Hay que aclarar que la salida del Sol por el Este (Orto) y la puesta por el Oeste (Ocaso) solo se produce en los equinoccios, cuando la duración del día y de la noche se igualan. El resto del año el punto exacto de la salida del Sol deriva unos 30° al Norte o al Sur de los puntos cardinales Este y Oeste.

Es el tercer planeta en orden contando desde el Sol. Lo orbita, dando una vuelta completa (año) en aproximadamente 365 días y 6 horas. El sentido de giro es antihorario visto desde el polo Norte celeste. Estamos viajando a la sorprendente velocidad media de 107 280 km/h. Nuestra órbita es elíptica y la Tierra recorre 940 millones de kilómetros en su periplo alrededor del Sol.

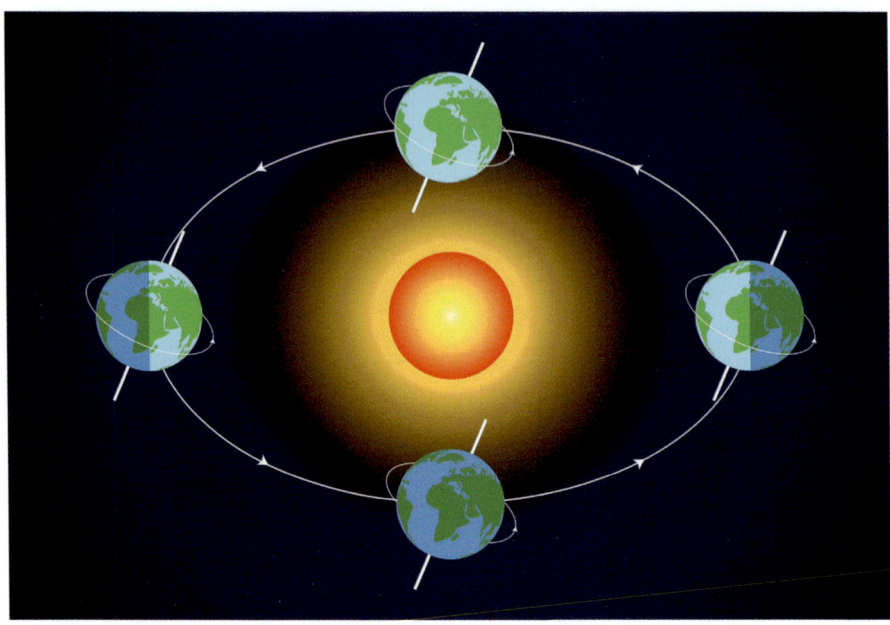

Movimiento de translación.

Representación del Sistema Solar. No está a escala.

ÓRBITAS. El punto de la órbita terrestre donde está más cerca del Sol se llama Perihelio. El punto de la órbita terrestre donde está más lejos se llama Afelio. Esto se aplica a todas las órbitas elípticas alrededor de una estrella sea cual sea el planeta.

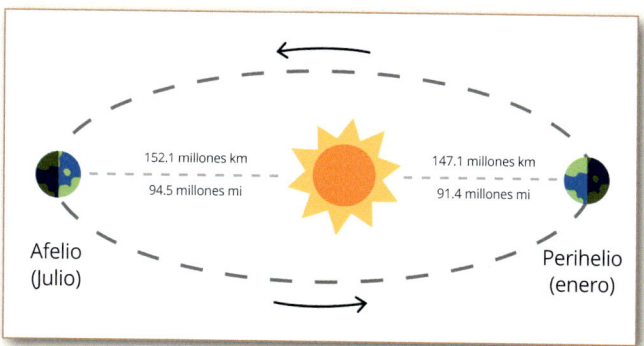

En el caso de satélites orbitando a un planeta se utilizan las expresiones Perigeo y Apogeo con el mismo sentido. La velocidad de traslación no es constante, varía según el punto de la órbita en el que se encuentra la Tierra. Oscila entre los 30.3 km/s de velocidad máxima en el Perihelio y los 29.3 km/s de velocidad mínima en el Afelio.

Movimiento de precesión del eje de la Tierra.

Además de los conocidos movimientos de rotación y traslación, la Tierra tiene el movimiento de **precesión**, que es el movimiento lento del eje de rotación de la Tierra. Este eje describe un cono alrededor de la vertical de eclíptica con un periodo de 26 000 años. Y también el movimiento de **nutación**, que es un movimiento oscilatorio, un leve bamboleo, del eje de rotación de la Tierra, que se superpone al movimiento de precesión y que es causado por las fuerzas gravitatorias del Sol y la Luna.

> **LA ECLÍPTICA.** La eclíptica es el plano orbital de la Tierra alrededor del Sol. En el firmamento lo podemos detectar fácilmente, porque es el camino que hace el Sol por el cielo. Todos los planetas del sistema solar orbitan alrededor de nuestra estrella en un plano orbital muy similar.

La Tierra está rodeada por una atmósfera compuesta por aire. El límite entre la atmósfera y el espacio exterior se conoce como la línea de Karman. Está situada a unos 100 km de altura sobre el nivel del mar.

El núcleo de nuestro planeta, en estado líquido, funciona como una dinamo natural creando un campo magnético muy potente que nos protege de la radiación cósmica y de las partículas cargadas de energía procedente del Sol.

La ISS (Estación Espacial Internacional) orbita la Tierra a unos 400 km de altura. Técnicamente en el espacio exterior, pero perfectamente protegida por el escudo de nuestro campo magnético.

LA LUNA

La Luna mide 3474 km de diámetro ecuatorial. Es el satélite natural del sistema solar más grande en relación a su planeta, ¼ del diámetro de la Tierra. Y, en tamaño absoluto, el quinto más grande del sistema solar.

Se encuentra en relación síncrona con la Tierra; su periodo de rotación y el de traslación es el mismo. Siempre presenta la misma cara hacia nosotros. Y aunque nos parece el segundo astro más brillante del firmamento, después del Sol, su superficie en realidad es muy oscura y tiene la misma reflexión que el carbón.

Luna Llena. Fotografía: Jordi Lopesino.

Está a una distancia media de nosotros de unos 384 400 km. Su órbita es elíptica; en el Apogeo está a 405 500 km y en el Perigeo a 363 300 km.

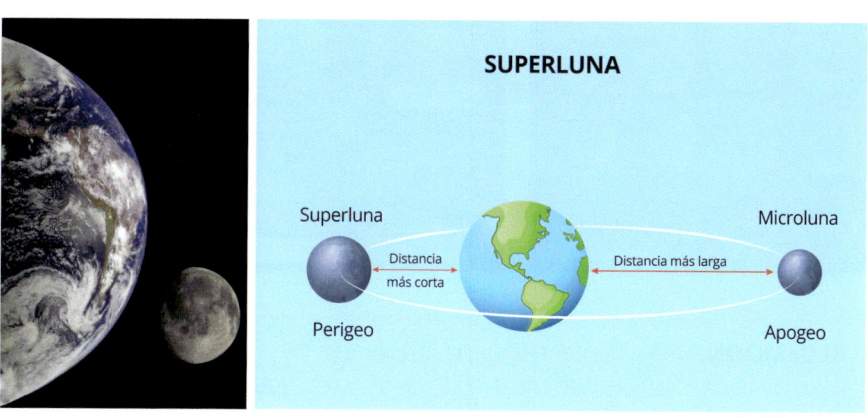

Comparativa Tierra-Luna y dibujo de perigeo y apogeo lunar.

SUPERLUNA. Las superlunas se producen cuando la luna llena se encuentra en el Perigeo, que es la distancia mínima a nuestro planeta. Es el momento en que vemos a nuestro satélite más grande y brillante en el firmamento. Suele suceder entre tres y cuatro veces al año.

La Luna viaja a una velocidad promedio de 3670 km/h. Un pelín más deprisa en el Perihelio, un pelín más lenta en el Afelio. Tarda 27.3 días en girar alrededor de la Tierra y, mientras lo hace, la luz solar la ilumina en mayor o menor medida confiriéndole a la Luna sus conocidas fases.

Las fases de la Luna son: nueva, cuando está totalmente oscura; creciente cuando empieza a iluminarse; llena, cuando está completamente iluminada; menguante, cuando empieza a perder brillo después de llena.

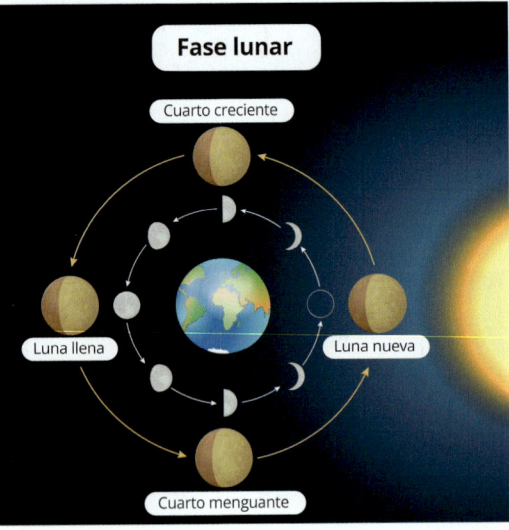

BLUEMOON. Una bluemoon (luna azul) es la segunda luna llena en un mismo mes. No tiene nada que ver con el color de nuestro satélite; solo es una curiosidad astronómica. Suele suceder cada 2.5 años de promedio.

El plano orbital de la Luna está inclinado 5 grados con respecto al plano orbital de la Tierra. Este hecho hace que los eclipses de Sol sean muy poco probables y que siempre sucedan cerca de los Nodos, los puntos de intersección entre los dos planos orbitales.

TAMAÑO ANGULAR. Es el tamaño o diámetro aparente de un objeto visto desde nuestro punto de vista (en este caso, la Tierra). Se mide en grados, minutos y segundos y es independiente de su tamaño real. Por ejemplo, la Luna mide 3474 km, pero vista desde la lejanía de la Tierra tiene un tamaño angular medio de 31' 5.2". En el Perigeo 33' 28"; en el Apogeo 29' 23". Esto es primordial a la hora de predecir los eclipses, como comentaremos más adelante.

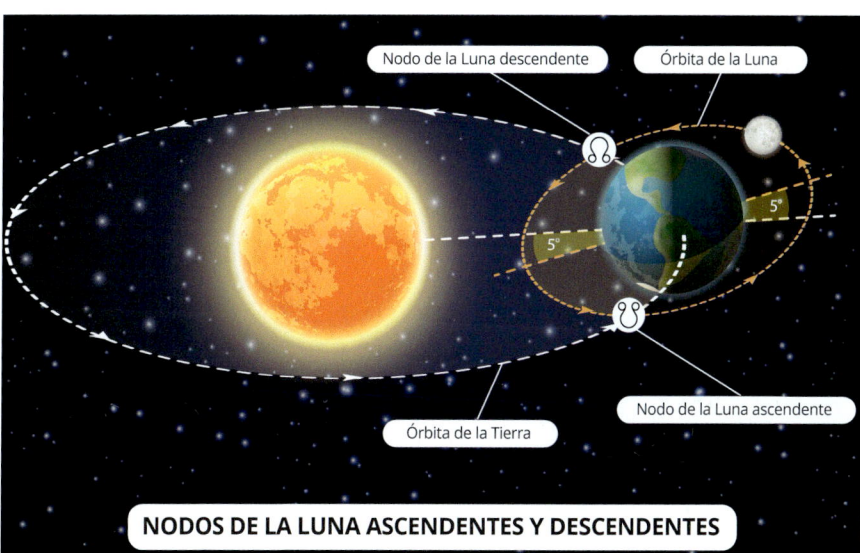

NODOS DE LA LUNA ASCENDENTES Y DESCENDENTES

Nuestro satélite natural hace que nuestro planeta tenga un periodo de rotación de 24 horas y que el eje de la Tierra esté estabilizado y nos proporcione un clima adecuado para nuestra existencia.

Podríamos considerar a la Luna como hija de la Tierra. Ya que hace unos 4500 millones de años un planeta del tamaño de Marte colisionó contra la Tierra arrancándole una buena porción, la actual Luna.

EL SOL

Es la estrella más cercana a nosotros. Es una esfera casi perfecta de plasma con un tamaño aproximado de 1 391 000 kilómetros; 109 veces más grande que la Tierra. A pesar de estas colosales dimensiones, es una estrella de la secuencia principal del tipo G2, una enana amarilla.

LA SECUENCIA PRINCIPAL. La secuencia principal es la fase más estable y larga de la vida de una estrella. Es la etapa donde quema hidrógeno en su núcleo mediante la fusión nuclear. En esta fase, las estrellas mantienen un equilibrio entre la gravedad, que tiende a comprimirlas, y la presión derivada de la fusión nuclear. La duración dentro de la secuencia principal varía según la masa de la estrella. Las estrellas más masivas viven menos tiempo, mientras que las menos masivas (como el Sol) pueden vivir miles de millones de años.

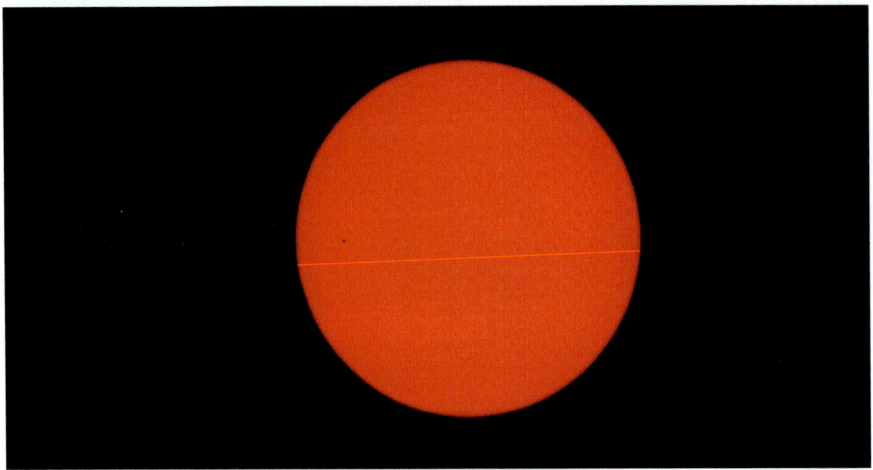

Fotografía del Sol durante el tránsito de Mercurio en 2019. Fotografía: Jordi Lopesino.

PLASMA. El plasma se considera como el cuarto estado de la materia: sólido, líquido, gaseoso, plasma. Es básicamente un gas formado en su gran mayoría por hidrógeno y helio que han perdido sus electrones y que se encuentran a temperaturas muy elevadas.

El Sol se creó hace unos 4600 millones de años a partir del colapso de una nube molecular. Tiene el 99.8 % de la materia de todo el sistema solar. El 0.2 % restante son los planetas, asteroides, cometas, polvo, etc., que forman el sistema solar.

Comparativa tamaño en el sistema solar.

El Sol está formado por hidrógeno en un 73.4 %, helio en un 24.8 % y otros elementos como oxígeno, carbono, hierro, neón, nitrógeno, etc., en proporciones menores. Existirá de manera estable unos 5000 millones de años más y luego se convertirá en una estrella gigante roja.

El Sol tiene una temperatura superficial de 5500 ºC, es lo que conocemos como fotosfera. En cambio, la corona solar, la capa más externa del Sol, es mucho más caliente que su superficie visible, llegando a los 2 millones de grados Celsius. Y si esto parece mucha temperatura espere a saber la que hay en el núcleo del sol. Aproximadamente, unos 15 millones de grados Celsius. Esta temperatura es crucial para que se produzca la fusión nuclear, donde el hidrógeno se convierte en helio.

Está, de media, a unos 150 millones de kilómetros de la Tierra. La luz del Sol tarda 8 minutos y 20 segundos en llegar a la Tierra. Y como nosotros giramos a su alrededor en una órbita elíptica, su tamaño angular varía dependiendo de la zona orbital que transitemos. Lo veremos más grande en el Perihelio y más pequeño en el Afelio. Aunque la variación es tan mínima que no se nota a simple vista; 32' 35" en el Perihelio y 32' 03" en el Afelio. Como se aprecia, tiene un tamaño relativo muy similar a la Luna. Esta es la clave de los eclipses totales.

A pesar de la distancia, los tamaños aparentes del Sol y la Luna son iguales.

Nuestra estrella tiene una magnitud aparente de -26.8.

MAGNITUD APARENTE. La magnitud aparente cuantifica el brillo de una estrella, o cuerpo celeste, observado desde la Tierra. Depende de la luminosidad del objeto observado y de la distancia a la Tierra. También se tiene en cuenta la posible extinción de luz a causa del polvo cósmico. El grado de magnitud de las estrellas va de 0 (muy brillante) a 6 (lo más débil visible a simple vista) y se incrementa 7, 8, 9, etc., cada vez más débil en visión telescópica.

La diferencia de brillo entre una estrella de cualquier magnitud es de 2.5 veces más brillante que otra estrella de magnitud inferior. Una estrella de magnitud 1 es 100 veces más brillante que una de magnitud 5. La estrella más débil que podemos observar con telescopio (Hubble) tiene una magnitud aparente +30. Los objetos más brillantes tienen magnitud negativa: el Sol -26.8; la Luna llena tiene una magnitud aparente de -12.6.

El Sol tiene un movimiento de rotación de 27 días y 6 horas en su ecuador. Y se hace más lento a medida que subimos de latitud hasta los polos. A 30° de latitud, 28 d 4 h; 60° de latitud, 30 d 19 h; a 75° de latitud, 31 d 19 h.

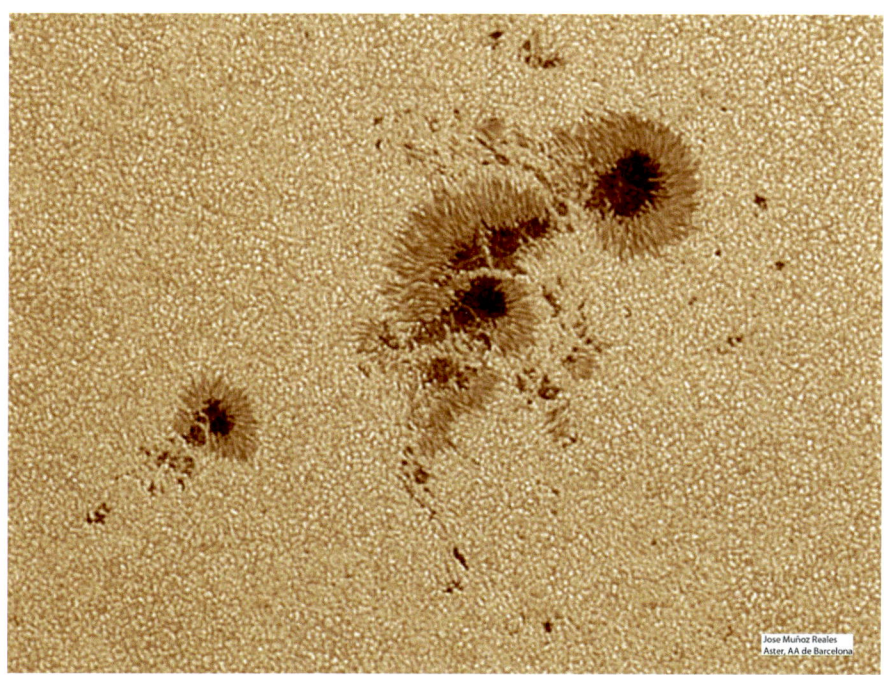

Manchas solares. Imagen: José Muñoz Reales, Barcelona, 30-05-2025.

También tiene un movimiento de traslación. El Sol gira alrededor del núcleo galáctico. Se conoce como año cósmico y dura 225 millones de años. Nuestro Sol y nuestro sistema solar han dado unas 20 vueltas completas a la Vía Láctea. A nuestra estrella le quedan unas 25 vueltas más antes de desaparecer.

Nuestra estrella está sometida a unos ciclos solares de máxima y mínima actividad. La actividad se ve reflejada en su fotosfera con gran cantidad de manchas solares. El ciclo es undecenal. Los tres eclipses se producirán en la bajada del máximo, por lo que seguro que veremos muchas manchas durante su observación. Las más grandes son visibles con la simple ayuda de las gafas de observación de eclipses. ¡Espero que haya suerte!

CÓMO FUNCIONA UN ECLIPSE TOTAL DE SOL

En teoría es muy sencillo: la Luna pasa entre el Sol y la Tierra tapando totalmente la luz del Sol y proyectando una sombra sobre la superficie terrestre.

Si fuera tan simple, cada mes, en un lugar u otro del planeta, veríamos un eclipse total de Sol. Entonces ¿por qué no lo vemos?

Pues a causa de que el plano orbital de la Luna está inclinado cinco grados respecto al plano orbital de la Tierra. Esto hace que la Luna, la Tierra y el Sol solamente se puedan alinear en la línea de Nodos. Otro dato importante es que los eclipses totales siempre sucederán con Luna nueva y para concluir la Luna debe estar cerca de su Perigeo (punto más cercano) para que su tamaño angular iguale o supere al tamaño angular del Sol y lo tape completamente. Si el tamaño angular de la Luna fuera el del Apogeo tendríamos un caso de eclipse anular. La Luna no llegaría a cubrir toda la superficie del Sol, formando un anillo luminoso muy vistoso (tal como ocurrirá en el eclipse de 2028 en España).

¿Qué sucede cuando los tres astros se alinean perfectamente?

Si se cumplen todos los requisitos, la Luna proyectará un estrecho cono de sombra sobre la superficie de la Tierra. A esta sombra la denominamos Umbra. En esa zona se verá el eclipse total. Una vez tapada la superficie del Sol veremos la corona solar.

Pero la Luna también proyecta una sombra parcial, menos oscura, llamada Penumbra. La Penumbra se puede ver desde zonas más extensas que la Umbra y en estas áreas el eclipse se ve parcial, como si le hubieran quitado un pedazo al disco solar. Es el llamado efecto de media luna, que puede ser más o menos pronunciado dependiendo de la profundidad del eclipse parcial.

SOMBRA ECLIPSE. El estrecho cono de sombra de un eclipse está sobre los 300 km de ancho y viaja a una velocidad media de entre 1700 y 5000 km/h, dependiendo de en qué latitud de la Tierra se proyecta y la velocidad de rotación en esa latitud. La Umbra será más lenta en el ecuador y más rápida hacia los polos.

Cuando se produce un eclipse total de Sol lo veremos total dentro de la zona de Umbra y parcial en la zona de Penumbra. Pero ¿se puede dar el caso de que se produzca solamente un eclipse parcial? La respuesta es sí. Un eclipse parcial de Sol ocurre cuando la Luna no tapa completamente la superficie de nuestra estrella, dejando visible una parte de ella. Esto sucede cuando la Umbra (la parte más oscura de la sombra lunar) no alcanza la superficie de nuestro planeta, pero la Penumbra sí lo hace.

FASES DE UN ECLIPSE

Cada tipo de eclipse pasa por una serie de fases distintas. Veamos cuáles son:

Fases de un eclipse total

1. Primer contacto (C1). La Luna empieza a tocar el disco solar. Comienza el eclipse parcial.
2. Segundo contacto (C2). La luna cubre una parte importante del disco solar. La luz empieza a disminuir de manera apreciable.
3. Totalidad (máximo del eclipse). La Luna tapa completamente el disco solar. El cielo se oscurece, podemos ver la corona solar, planetas que estén cerca del Sol y algunas estrellas brillantes.
4. Tercer contacto (C3). La Luna empieza a destapar la superficie solar, la luz solar comienza a iluminar gradualmente. Se inicia el eclipse parcial de salida.
5. Cuarto contacto (C4). La Luna sale completamente de la superficie solar. Fin del eclipse parcial de salida y fin del eclipse en general.

Secuencia del eclipse total de Sol en EE. UU. el 21 agosto de 2017.

Fases eclipse solar anular

1. Primer contacto (C1). La Luna empieza a tocar el disco solar. Comienza el eclipse parcial.

2. Segundo contacto (C2). La luna cubre una parte importante del disco solar. La luz empieza a disminuir de manera apreciable.

3. Anularidad (máximo del eclipse). La Luna está en el centro del disco solar, pero no lo cubre completamente porque hay un anillo de luz solar alrededor de la Luna.

4. Tercer contacto (C3). La Luna empieza a destapar la superficie solar, la luz solar comienza a iluminar gradualmente. Empieza el eclipse parcial de salida.

5. Cuarto contacto (C4). La Luna sale por completo de la superficie solar. Fin del eclipse parcial de salida y fin del eclipse en general.

Secuencia del eclipse anular de Sol en EE. UU. el 14 octubre de 2023, visto en la zona de anularidad.

MAGNITUD ECLIPSES. Los eclipses parciales están clasificados por magnitudes, que indican la fracción del diámetro solar tapada por la Luna. Por ejemplo, un eclipse total de Sol sería de magnitud 1 o superior, mientras que un eclipse parcial sería de magnitud entre 0 y 1. Poniendo el ejemplo del último eclipse parcial de Sol visto en España (29 marzo de 2025) En el Noroeste de nuestro país fue de magnitud 0.4; de magnitud 0.3 en Canarias y de magnitud 0.2 en Baleares. La conversión en tanto por ciento sería de un 40 % de superficie solar tapada para 0.4; del 30 % para 0.3 y del 20 % para 0.2. Eso se debe a la diferencia de latitud de los lugares de observación y a la diferencia en la distancia Tierra-Luna.

Fases eclipse parcial de Sol

1. Primer contacto (C1). La Luna empieza a tocar el disco solar. Comienza el eclipse parcial.

2. Fase parcial máxima (C2). La Luna ha llegado a su nivel máximo de oscurecer el disco solar y empieza la fase de salida.

3. Último contacto (C3). La Luna deja de tocar el disco solar. El eclipse ha terminado.

Secuencia del eclipse anular de Sol en EE. UU. el 14 octubre de 2023, visto fuera de la zona de anularidad, se vio como parcial.

Cuando afirmamos que la Luna toca el disco solar no lo decimos literalmente. El Sol está 400 veces más lejos que la Luna. Pero a nosotros nos lo parece por una cuestión de perspectiva. Los eclipses se producen cuando la luna está nueva. No podemos ver la Luna hasta que esta empieza a tapar la superficie solar. La vemos como un disco negro.

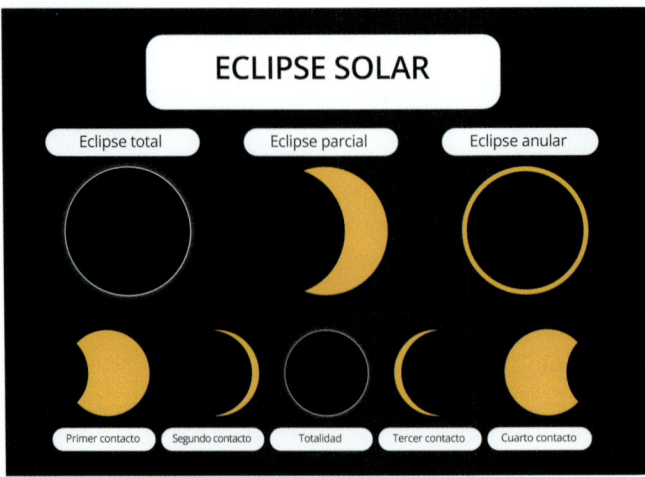

Resumen tipos de eclipse

• **Total.** La Luna cubre completamente el Sol, se ve la corona solar.

• **Anular.** La Luna cubre parcialmente el Sol, se ve un anillo luminoso alrededor de la Luna.

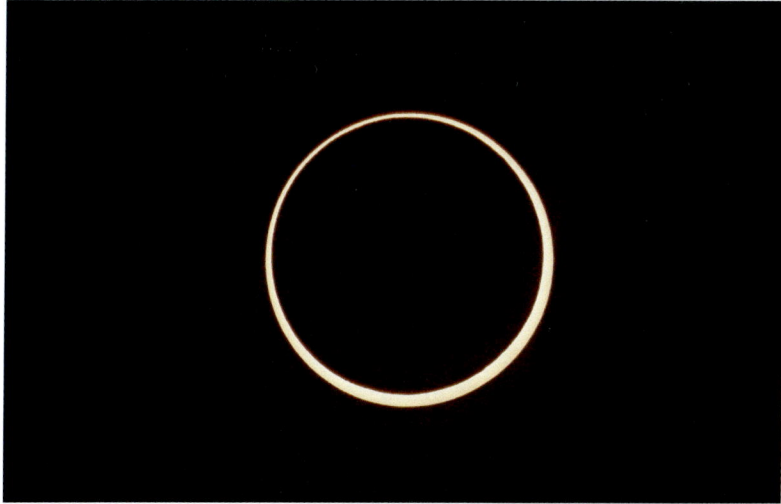

• **Parcial.** La Luna cubre solo una parte del Sol, apariencia de mordisco.

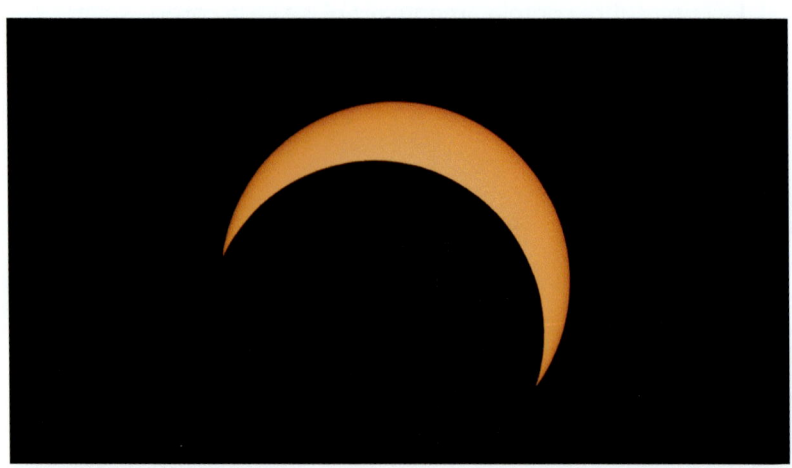

• **Eclipses de Sol híbridos o mixtos.** A causa de la curvatura de la Tierra, algunos eclipses pueden cambiar de anular a total a medida que la sombra de la Luna se desplaza por el planeta. Son eclipses muy raros y ocurren en muy pocas ocasiones.

En el siglo XXI, de los 223 eclipses solares previstos, solo 7 serán híbridos.

OTROS FENÓMENOS DESTACADOS EN UN ECLIPSE TOTAL DE SOL

Hasta ahora hemos visto las fases generales de un eclipse, pero durante el proceso ocurren una serie de fenómenos muy interesantes y dignos de mencionar.

Perlas de Baily

Justo antes y después de la totalidad se produce un fenómeno llamado Perlas de Baily. Son unos destellos de luz solar debidos a la luz que pasa a través de las montañas lunares. Los científicos cronometran y observan el inicio y final de este fenómeno y les ayuda a reconstruir con precisión el perfil de la Luna. También son visibles en los eclipses anulares, justo después de que la Luna toque el borde de la superficie solar y empiece la fase de anularidad y justo cuando la anularidad finaliza y el borde de la Luna toca el Sol para iniciar su salida.

Anillo de Diamante

Otro fenómeno singular que sucede antes y después de la totalidad. Es un breve destello de luz solar con apariencia de un diamante en un anillo. Es un fenómeno breve pero espectacular que marca el inicio y el final de la fase de totalidad. También son visibles en los eclipses anulares, justo después de que la Luna toque el borde de la superficie solar y empiece la fase de anularidad y justo cuando la anularidad finaliza y el borde de la Luna toca el Sol para iniciar su salida.

Protuberancias

Durante la fase de totalidad se pueden apreciar pequeños penachos rojos alrededor del disco solar. Son las protuberancias solares. Normalmente se pueden observar con telescopios de H alfa sin necesidad de eclipses. Pero ya que estamos...

Franjas de sombras

Si justo antes y justo después de la totalidad nos fijamos en nuestro entorno, podremos apreciar sombras ondulantes que se desplazan por la superficie terrestre. Son causadas por la luz que pasa a través de las irregularidades de la Luna y se proyectan en nuestra superficie. Son muy tenues y no se ven siempre, depende de la profundidad del eclipse. Puede ver un vídeo muy ilustrativo en el siguiente enlace de la Wikipedia:

https://en.wikipedia.org/wiki/Shadow_bands

Lunitas en el suelo

Otro fenómeno curioso y a la vez muy divertido es la proyección de lunitas en el suelo. La luz del Sol eclipsado se filtra entre las hojas de los árboles creando la proyección de miles de lunitas de luz en el suelo. La lunita tendrá la forma exacta del Sol eclipsado en ese momento. Si no tuviéramos árboles cerca nosotros mismos podríamos crear el efecto con la ayuda de una espumadera de cocina, de esas que se utilizan para sacar el huevo frito de la sartén. Simplemente la expondremos al Sol y veremos que su sombra está llena de lunitas, una por cada agujero de la espumadera. Un colador también nos servirá.

Algunos utensilios de cocina sirven para proyectar las lunitas del eclipse: coladores, escurridores, espumaderas.

Las ramas frondosas, con hojas, de los árboles sirven para el mismo propósito.

Corona solar

Durante la fase de totalidad podremos ver a la corona solar en todo su esplendor. Es como una aureola blanca brillante que está alrededor del disco solar. La corona solo se puede observar durante los eclipses o con telescopios especiales llamados coronógrafos. En la corona se pueden apreciar diferentes estructuras:

- Corona tranquila: Zona más básica y general sin actividad intensa. Apariencia uniforme.

- Lazos coronales: Estructuras magnéticas cerradas que se elevan desde la superficie del Sol. De diferentes tamaños y formas.

- Agujeros coronales: Se observan como áreas oscuras en la corona.

- Erupciones solares: Explosiones repentinas en la corona. Son transitorias y pueden crear eyecciones de masa coronal.

Corona solar. Eclipse en Egipto, 2006.

PROTECCIÓN. El Sol debe observarse siempre con protección. Todas las fases del eclipse son peligrosas y nos pueden ocasionar daños irreversibles en la vista. La única fase segura es la totalidad. Durante la totalidad nos podemos quitar las gafas de observar el Sol y mirarlo directamente. PERO hay que estar muy atentos y cronometrar la totalidad porque las fases de **Anillo de Diamante** y **Perlas de Baily SON PELIGROSAS** para la vista. Nos quitaremos las gafas después del último destello de Anillo de Diamante y una vez que nos aseguremos que la totalidad ha comenzado. De la misma manera nos pondremos de nuevo las gafas segundos antes de que vuelvan a producirse estos fenómenos anunciando el final de la totalidad.

¿POR DÓNDE ENTRA LA LUNA EN UN ECLIPSE?

En el hemisferio Norte la Luna siempre empieza a cubrir la superficie del Sol por la derecha. El primer contacto siempre será por la derecha y el mordisco irá creciendo de Oeste a Este.

En el hemisferio Sur es exactamente lo contrario. El primer contacto será por la izquierda. Es una cuestión de perspectiva.

En el caso de los eclipses que nos ocupan, las entradas de la Luna serán siempre por la derecha. Pero en un futuro, si va a observar un eclipse de Sol al hemisferio Sur debería tener en cuenta este dato para programar la observación.

¿CUÁNTO DURA UN ECLIPSE DE SOL?

Un eclipse total de Sol completo, desde el contacto C1 al C4, dura entre 2 y 3 horas. La fase más interesante, la totalidad, puede durar entre unos pocos segundos y hasta 7 minutos como máximo. Los tiempos varían de un eclipse a otro. Nunca son iguales y depende de la ubicación del observador y la trayectoria de la sombra lunar sobre la Tierra. Esto es en términos generales. Trataremos los tiempos de nuestros eclipses más adelante.

El tiempo máximo de duración de un eclipse total va en referencia a la línea central que divide la sombra de la Umbra en dos partes iguales. En esta línea imaginaria, el tiempo del eclipse total es el máximo. A medida que nos alejamos transversalmente de esta línea, el tiempo va disminuyendo hasta que salimos de la franja Umbral y nos metemos en la penumbral, donde el eclipse será simplemente parcial.

HERRAMIENTAS PARA MEDIR EL CIELO

Hemos comentado el tema del tamaño angular en el firmamento, pero ¿cómo podemos medir algo en el cielo con cierta precisión?

Los astrónomos disponemos de una herramienta natural para medir cosas en el cielo: la distancia entre dos estrellas, la extensión de una constelación, la altura de la estrella Polar, el trazo de un meteoro, la altura del Sol o la Luna sobre el horizonte... Y esa herramienta es nuestra mano. Cualquier mano vale, es igual que sea una mano grande o pequeña, de niño, de joven o de adulto, de hombre o mujer. Nuestras manos sirven para medir cosas.

Ante todo, tendremos en cuenta que las medidas celestes tomadas con las manos son aproximadas, pero fiables. Como es una cuestión de perspectiva, la norma vale para todas las edades, géneros y tamaños. Para medir el cielo con la mano separaremos nuestra mano la distancia de un brazo y la situaremos delante de nuestros ojos.

Las medidas tomadas de esta manera son en grados, ya que estamos midiendo la distancia angular entre dos puntos. Una mano estirada, o palmo celeste, corresponde a 20 grados celestes. Si variamos la abertura de la mano conseguiremos otros patrones fijos de medida: la palma de la mano son 10 grados, el puño cerrado también son 10 grados. Recuerde que la mano tiene que estar a la altura de nuestros ojos y con el brazo extendido.

La longitud del pulgar equivale a 5 grados. Si sumamos el puño y el dedo gordo tendremos 15 grados, que es la distancia que recorre el Sol por el firmamento en una hora.

Para medidas más precisas utilizaremos el dedo meñique. Si lo colocamos de canto, alejado un brazo de nuestra cara, el grosor del dedo es 1 grado. El Sol y la Luna llena miden ½ grado.

Mientras llega el día del eclipse podemos tomar algunas medidas de objetos celestes para adquirir algo de práctica. Le propongo un par de experimentos:

- Mida qué distancia recorre el Sol en una hora. Aproveche que el Sol está alineado con un poste, una antena o la arista de un edificio y compruebe a qué distancia del poste, de la antena o de la arista está una hora después.

- A veces, cuando la Luna está cerca del horizonte parece que es más grande que cuando está en el cenit, o cerca de él; es el momento de comprobarlo.

El brazo bien estirado delante de nuestra cara. Empiece a medir el cielo.
Serie de fotografías: Jordi Lopesino.

CÓMO OBSERVAR EL SOL CON SEGURIDAD

SIEMPRE SE DEBE OBSERVAR EL SOL CON LA PROTECCIÓN ADECUADA.

Con eclipse o sin eclipse, la observación solar debe realizarse con la precaución y protección adecuadas. ¿Qué material necesitamos para observarlo?

Con este libro entregamos unas gafas para observar eclipses. Están homologadas y son las adecuadas para observar el Sol sin peligro para nuestra vista ya que bloquea eficazmente los rayos UV y los infrarrojos. Con estas simples gafas podrá observar todo el eclipse sin problemas. Solo se las quitará cuando el eclipse esté en la fase de totalidad, para poder ver la corona solar. Si es su primer eclipse, y si quiere disfrutarlo plenamente, este es el plan que le recomiendo: elija un buen lugar para observarlo con las gafas que le adjuntamos.

GAFAS PARA OBSERVAR ECLIPSES. Estas gafas sirven para observar el Sol con seguridad. Con eclipse o sin eclipse. Pero antes de su uso hay que revisarlas bien. Cualquier agujero o rayadura en la película de protección las inutilizan. Tienen que estar perfectas para utilizarlas. Recomendamos guardarlas en una funda de plástico o similar y evitar roces, dobleces que las debiliten o roturas. **NO ES UN JUGUETE. ES UN ELEMENTO DE PROTECCIÓN**. Las gafas protectoras para observar eclipses deben tener el código de homologación ISO 12312-2 en un lugar bien visible.

PELIGRO. Las gafas de observar eclipses SOLO deben utilizarse en observación a simple vista. No se debe colocar ningún instrumento óptico delante de las mismas ni observar a través de él.

Proteja su vista. Cómodas y fáciles de usar. Eclipse parcial de Sol desde Monzón, en Huesca, el 29 marzo de 2025. Fotografía: Jordi Lopesino.

Como hemos comentado, el Sol tiene el mismo tamaño angular que la Luna. Con estas gafas verá el Sol del mismo tamaño que la Luna llena. Suficiente para seguir el eclipse y no perderse detalle. Pero si quiere verlo con mayor aumento tendremos que utilizar otros medios **Y OTRAS PROTECCIONES**.

OBSERVACIÓN DEL ECLIPSE CON PRISMÁTICOS

Cualquier prismático nos valdrá. Existen unos filtros solares homologados que se adaptan a las ópticas de los prismáticos. Debemos colocar los filtros siempre delante del lente objetivo, nunca en el ocular. La observación del Sol se hará de manera directa. Recomendamos que el prismático esté sujeto a un trípode estable.

Filtro solar para prismáticos. Baader.

Si no queremos utilizar filtros, podemos emplear el sistema de proyección por el ocular del prismático. Colocaremos el prismático sobre un trípode y destaparemos una sola óptica; la que corresponde al ocular con enfoque graduable de manera independiente (normalmente en el lado derecho del prismático). Dirigiremos el prismático hacia el Sol y una vez centrado proyectaremos la luz que salga por el ocular en una cartulina blanca. Para enfocar la imagen proyectada, acercaremos o alejaremos la cartulina del ocular hasta formar una imagen clara. Para conseguir mayor contraste en la imagen, colocaremos una cartulina negra u opaca que proyecte sombra sobre la cartulina blanca.

Observación solar con prismáticos, método de proyección. Fotografía: Jordi Lopesino.

Con este sistema los prismáticos se calentarán mucho. De vez en cuando tape la óptica para que se enfríen un poco. **NI SE LE OCURRA MIRAR POR EL OCULAR SI NO HAY UN FILTRO PROTECTOR DELANTE DEL LENTE OBJETIVO. LITERALMENTE, SE ACHICHARRARÍA EL OJO.**

Antes de comprar unos filtros solares para sus prismáticos, valore si vale la pena. Observe la Luna llena con los prismáticos para hacerse una idea de cómo verá el Sol con ellos.

FILTROS INADECUADOS Y PELIGROSOS. Antiguamente existían unos filtros que se colocaban en el ocular de los telescopios y prismáticos. Se prohibió la utilización de estos filtros porque se calentaban y se rompían sin previo aviso provocando graves lesiones oculares. Si tiene un telescopio antiguo con este sistema, NO lo utilice.

FILTROS SOLARES. Existen diversos tipos de filtros solares. Los hay de vidrio y los hay de Mylar (unas hojas parecidas al papel de aluminio). Si están homologados, ambos tipos son seguros. Pero una advertencia: sea cual sea el tipo de filtro, este debe indicar si su uso es para visual o para fotografía. Los filtros solares fotográficos NO SIRVEN para la observación visual del Sol. Ni para un solo instante. SON PELIGROSOS. No filtran totalmente la radiación dañina. Asegúrese antes de comprar. Pregunte al vendedor. Si no le da garantías y homologación, NO COMPRE el filtro.

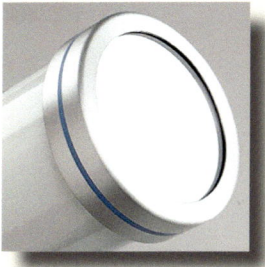

Filtro solar de cristal.

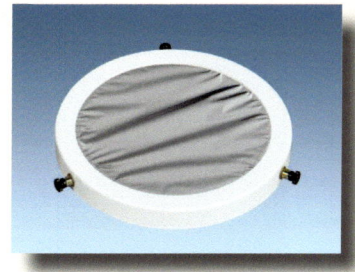

Filtro Mylar, montado y listo para usar.

PROYECTOR SOLAR

Es un método muy seguro para observar el Sol, sus manchas y eclipses. Es una caja de cartón o madera, con partes móviles y una lente que se apunta al Sol. La imagen del Sol se refleja en el interior y se proyecta en una de sus paredes. La imagen se puede enfocar y permite ver perfectamente la fotosfera y sus manchas. Cuando ocurre un eclipse podremos ver la evolución de la fase de la parcialidad o anularidad. Para la totalidad tendremos que dirigir nuestra mirada directamente al Sol. NO SIRVEN para ver los fenómenos conocidos como las Perlas de Baily ni el Anillo de Diamante. Es una buena opción para observaciones con varias personas y para divulgación. Los más habilidosos podrían construirse uno fácilmente. Las lentes utilizadas son muy similares a las de los antiguos proyectores de diapositiva.

Proyector solar.

Sol proyectado. Eclipse del 29 marzo de 2025. Fotografía: Jordi Lopesino.

TELESCOPIO

Los mejores telescopios para observar eclipses son los de tipo refractor, porque con poco diámetro de abertura nos basta. Una distancia focal entre 500 y 1000 mm es suficiente. Aunque lo importante es el filtro protector que debemos colocar SIEMPRE en la parte delantera de la óptica principal. Los filtros son los mismos que hemos comentado para los prismáticos.

Telescopio refractor con filtro solar.

También podemos utilizar el sistema de proyección por ocular del telescopio. El sistema es muy similar al explicado para los prismáticos. Aunque algunos telescopios, sobre todo los más antiguos, tienen un soporte y una placa que ya viene de serie para ver el Sol por proyección. Se puede proyectar también con el ocular puesto en el prisma cenital a 90°.

Los telescopios de focales muy largas, dos metros o más, dan un tamaño del Sol muy grande, por lo que es posible que no quepa todo el disco solar en el campo del ocular, lo que dificultaría la visión del mismo. Pero puede estar bien para usarlo por proyección, ya que dará un Sol proyectado grande y con mucho detalle de su fotosfera.

Las aberturas muy grandes, 200 mm o más, también son un problema, ya que la entrada de luz solar calienta en exceso el tubo del telescopio. Aunque un buen filtro que lo cubra todo bajará la temperatura del tubo, pero a un coste económico mucho mayor. Un buen truco es diafragmar la entrada de luz. El filtro que necesitará es más pequeño y reduce riesgos.

Telescopio Newton con filtro solar.

Telescopio Newton diafragmado.

Con los telescopios tenemos un problema añadido a la observación. Los de focal corta, o incluso *zooms* fotográficos hasta 500 mm de distancia focal, podemos colocarlos en un trípode fotográfico estable para observar el eclipse. A causa del movimiento de rotación de la Tierra, el Sol nos saldrá de encuadre cada pocos segundos; por lo que toca ir recentrando la imagen del disco solar a menudo, lo que supone un incordio si tenemos un grupo de gente a nuestro alrededor que también mira por el telescopio. Cuanta más distancia focal, más rápido se va el Sol del campo del ocular. Si además hacemos fotografías, el proceso se complica.

Pero tranquilos, que hay soluciones. En astronomía utilizamos unas monturas motorizadas para contrarrestar el movimiento de los astros en el cielo (movimiento producido por la rotación de la tierra). Hay diversos tipos de monturas: las altazimutales y las ecuatoriales. Cada marca y modelo tiene su rutina de puesta en estación y funcionamiento. Pero a rasgos generales tienen cosas en común.

MONTURA ALTAZIMUTAL MOTORIZADA

Acostumbran a ser monobrazo y con sistema Goto para búsqueda y seguimiento de objetos estelares. Incluido el Sol. Tiene un mando que se conecta a la montura con una clavija tipo telefónica y un conector de corriente a 12 v. Se monta sobre un trípode metálico, que tiene que estar nivelado (burbuja de aire) y tiene un soporte para montar el tubo del telescopio. Una vez montado el tubo se nivela y se pone en posición "home", paralelo al suelo y mirando al Norte. Se conecta a la corriente y una pantallita del mando pide cierta información: situación geográfica (coordenadas), día, hora. Le recuerda que ponga el telescopio en posición "home" e inicia la puesta en estación con los datos introducidos. De noche le pide que centre estrellas de referencia, y existe la rutina "día" para centrar el Sol. Antes de hacerlo compruebe que el filtro solar está bien puesto. Apuntaremos al Sol, apretaremos "intro" y la montura empezará a seguir al Sol por el firmamento. Si hemos hecho los pasos bien veremos que el Sol está siempre centrado en el campo del ocular del telescopio, o de la cámara.

Montura altazimutal.

MONTURA ECUATORIAL ALEMANA

Son monturas que tienen dos ejes inclinados respecto al suelo: ascensión recta (AR) y declinación (DEC). Ambos ejes tienen círculos graduados: AR en horas y minutos y segundos; DEC en grados de 0° a 90°. Para un buen funcionamiento de este tipo de monturas debemos seguir los pasos de la siguiente rutina.

- Montar el trípode que sujeta la montura. Nivelarlo perfectamente con un nivel de burbuja.

- Colocar la montura ecuatorial sobre el trípode y atornillarla bien. El eje AR suele estar agujereado y tiene un pequeño sistema óptico llamado introscopio. Esta parte debe quedar mirando al Norte, en la situación que creemos que está la estrella Polar. Nos podemos ayudar con una brújula.

- Colocar el eje AR en la latitud del lugar de observación. Eso nos la dejará hipotéticamente apuntando a la estrella Polar.

- Montar el telescopio sobre la montura y anclarlo bien.

- Colocar el filtro solar y apuntar al Sol. El buscador del telescopio también debe llevar filtro protector.

- Conectar el motor eléctrico de seguimiento.

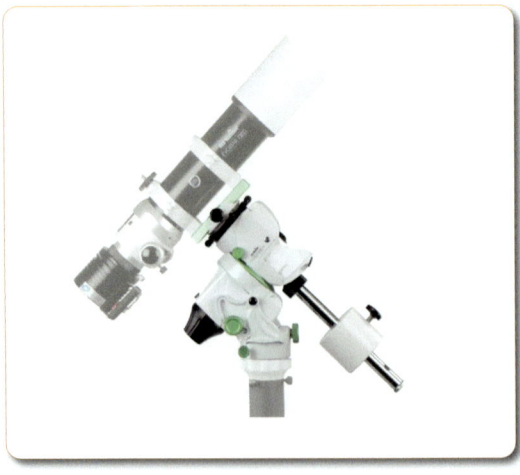

Montura ecuatorial alemana.

Hasta aquí el procedimiento a seguir con monturas tipo Star adventure o si tenemos una montura ecuatorial antigua, sin Goto. Es lo que sería un estacionamiento a la Polar básico y diurno. Suficiente para el seguimiento con éxito de un eclipse.

Si tenemos una montura tipo Goto, después del procedimiento inicial explicado (obligatorio), conectaremos la corriente y seguiremos los pasos de la pantalla del mando conectado a la montura: coordenadas geográficas, día, hora, "intro". Con esta información, el mando le indica la posición exacta que debería tener la Polar en su introscopio. Como es de día y no podemos certificar que realmente está ahí, aceptaremos pulpo como animal de compañía y continuaremos con el procedimiento. Nos pedirá estrellas de referencia, pero le diremos que queremos alineamiento diurno, Sol o Luna; en este caso, evidentemente, Sol. Nos aseguraremos que tenemos el filtro de protección bien colocado en la boca del telescopio y apuntaremos al Sol. Una vez centrado, le daremos a "intro" y el telescopio seguirá el Sol constantemente hasta que lo paremos. Si nuestro centrado a la Polar no ha sido muy exacto nos tocará ir rectificando de vez en cuando con el mando del telescopio. Pero si sigue los pasos con precisión, el apuntado será bastante bueno. Los cazadores de eclipses pueden llegar un día antes al lugar de observación para centrar la estrella Polar la noche anterior y tener un seguimiento perfecto.

A grandes rasgos, estas serían las rutinas a seguir. Cada marca y modelo de montura ecuatorial o altazimutal tiene su propio sistema de apuntado con algunas particularidades, pero el estándar sería este con pocas diferencias.

El tipo de telescopio que coloquemos en las diversas monturas no afectará a la puesta en estación de la montura.

ESTRELLA POLAR. El eje de rotación de la Tierra apunta "casi" directamente a la estrella Polar. Eso significa que TODO el firmamento parece girar alrededor de esta estrella. Las monturas ecuatoriales apuntan su eje AR a la estrella Polar y con un simple motor contrarrestan el movimiento de rotación de la Tierra, haciendo que los objetos estelares queden centrados en el campo de visión del ocular de un telescopio.

Cuanto más preciso sea el apuntado a la Polar, mejor será el seguimiento de los objetos estelares. Aunque hay pequeñas diferencias de velocidad entre el Sol, la Luna y las estrellas (galaxias, cúmulos, nebulosas, etc.), los telescopios modernos permiten ajustar estas velocidades con facilidad. Acuérdese de seleccionar la velocidad solar en su telescopio. Dentro de miles de años, debido al movimiento de precesión, nuestra estrella Polar será Vega, de la constelación de Lira.

ADVERTENCIA. Si motivado por el eclipse decide comprarse una montura ecuatorial y un telescopio, practique con ellos antes del día del eclipse. No lo deje todo para el último día, porque le garantizo que será un desastre. Si ya lo tiene y el día del eclipse se le estropea alguna cosa (Murphy), relájese, póngase las gafas de observar eclipses y disfrute del espectáculo.

ÓPTICAS ESPECIALES PARA OBSERVAR EL SOL

Cualquier telescopio, con la protección adecuada, sirve para observar un eclipse, desde el más sencillo y económico refractor acromático hasta el triplete apocromático de fluorita más caro. Para entendernos, estos serían los telescopios "normales", aunque existen un tipo de telescopios especiales, que solo dejan ver determinadas longitudes de onda del espectro solar, por ejemplo, los H-alfa, o los Ca-K. Es lo que denominamos observación en banda estrecha. No son algo esencial para observar un eclipse de Sol, además son carísimos y muy especializados, pero si ya tiene uno es una buena opción. La particularidad de estos telescopios es que llevan el filtro solar de manera interna y perpetua. Tienen un sistema muy simple para ajustar con precisión el canal de observación.

Los telescopios "normales", con el filtro adecuado, nos permiten ver la fotosfera solar. Dependiendo de la abertura y distancia focal podríamos ver manchas solares, grupos de manchas, granulación solar, oscurecimiento del limbo. Las manchas presentan dos zonas muy diferenciadas: la umbra, muy oscura, y la penumbra, de un negro más claro.

En H-alfa el aspecto del Sol cambia completamente, parece otro, de color rojo-anaranjado y con textura; vemos las espículas, pequeñas estructuras solares con aspecto de esponja marina; las protuberancias solares, fulguraciones, etc. El Sol parece vivo.

Telescopio solar H-α.

Con el Ca-K, la imagen del Sol se vuelve azul en el ocular, con textura, con detalles similares a los observados en H-alfa, pero menos definidos. Destaca la red cromosférica, una red irregular llena de largas y delgadas cadenas sinuosas y diminutos puntos brillantes. La línea del calcio tiene un inconveniente, en visual desvela muchos detalles a ojos jóvenes. A partir de los 40 años de edad, nuestra vista se vuelve ciega a esta banda y necesitamos cámaras para fotografiarla y ver detalles en ella. En cambio, los más jóvenes, incluso los niños, ven infinidad de detalles que a los más adultos se nos escapan.

Telescopio Calcio K.

Si posee alguno de estos tipos de telescopio, aprovéchelo para el eclipse; en caso contrario, ni se lo plantee.

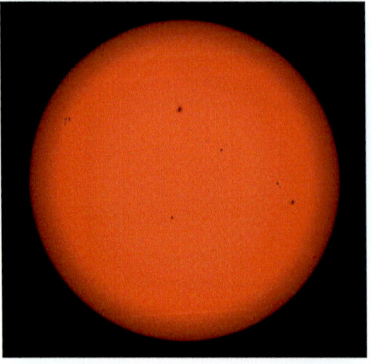

Imagen del Sol en luz visible. Fotografía: José Muñoz Reales, Barcelona, el 13 de julio de 2025.

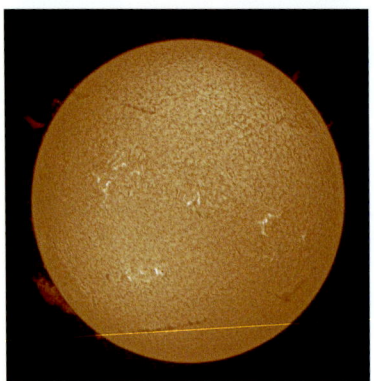

Imagen del Sol en H-α. Fotografía: José Muñoz Reales, Barcelona, el 19 de agosto de 2025.

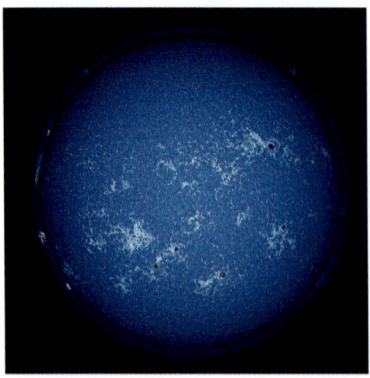

Imagen del Sol en Calcio-K. Imagen obtenida por Javier Ruiz Fernández el 27 de julio de 2025 desde el Observatorio Astronómico de Cantabria, utilizando un telescopio Coronado CaK70.

6

CÓMO FOTOGRAFIAR EL ECLIPSE

CON TELÉFONO MÓVIL

La manera más segura de fotografiar un eclipse con la cámara de un teléfono es haciendo fotografías a las proyecciones del Sol en las cajas de proyección solar, o en las proyecciones del Sol con un telescopio a un soporte o pared. Pero este método no nos ofrece imágenes espectaculares.

Existe otra opción, pero necesitaremos un telescopio con filtro solar frontal, cualquiera vale, y un adaptador de teléfono a telescopio. Hay diversos en el mercado, pero recomiendo los que se puedan graduar en tres ejes: altura, anchura y profundidad.

Siguiendo las rutinas ya explicadas, colocaremos el telescopio en estación, con el filtro de protección correspondiente y un ocular que nos permita ver todo el disco solar. Enfocaremos el ocular hasta tener una imagen nítida del Sol. Montaremos el adaptador de teléfono en el telescopio con cuidado de no mover el tubo y desapuntarlo; colocaremos el teléfono de la manera que sugiere el fabricante del adaptador (es muy simple e intuitivo) con las lentes de la cámara apuntando al ocular; centraremos las lentes hasta que la pantalla del teléfono no dé una imagen nítida del Sol; enfocaremos de nuevo si hace falta; retocaremos los ajustes del modo cámara para bajar el brillo y la intensidad del disco solar, la imagen ha de ser nítida y no estar saturada. Adecuaremos el tamaño del disco solar a nuestro gusto con el *zoom*. Y, finalmente, haremos la foto.

Lo mejor es hacer secuencia del eclipse. Tome diferentes imágenes cada pocos minutos para tener todo el evento cubierto. Se puede alternar con secuencias de vídeo. Durante la totalidad, saque el filtro de protección para ver y fotografiar la corona solar. No es imprescindible, pero tener una montura con seguimiento nos facilitará mucho el trabajo. Si utiliza trípode o montura altazimutal, las imágenes irán acumulando rotación de campo. El Sol no aparecerá igual en las imágenes, rotará en sentido horario en nuestro hemisferio, y antihorario en el hemisferio Sur. Con las monturas ecuatoriales no tendremos este problema.

Este soporte también se puede montar sobre el ocular de un prismático. Preferentemente el derecho, que es el que tiene el enfocado independiente. Insisto en que la óptica del prismático debe tener el filtro protector correspondiente. El prismático debe estar sujeto a un trípode y el procedimiento es el mismo que para un telescopio altazimutal.

TELESCOPIO Y CÁMARA DSLR

Existen diversos adaptadores para acoplar una cámara DSLR a un telescopio. Es indiferente la marca y modelo de la cámara, primero debemos convertir la bayoneta de nuestra cámara en rosca M42 con un adaptador. Casi todas las marcas tienen estos adaptadores, que también se utilizan para colocar antiguos objetivos y teleobjetivos de rosca en modernas máquinas con bayoneta.

Una vez puesto el adaptador, se conecta a otro adaptador de telescopio, que no es más que un tubo roscado que acaba en nariz de 1 ¼ o 2 pulgadas. Con este adaptador hemos convertido nuestra DSLR en una especie de ocular electrónico que podemos conectar al portaocular de nuestro telescopio. Con estos adaptadores, las DSLR solo funcionan en modo M (manual). Le diremos a la DSLR los parámetros de disparo:

- ISO, lo más baja posible.

- Velocidad de disparo, rápida. Habrá que hacer pruebas y horquillado para determinar la velocidad adecuada.

- Disparo en remoto o con mando a distancia, para no provocar vibraciones en el telescopio.

- La F será la del tubo óptico del telescopio, si está a foco directo, o la F resultante de la proyección del ocular. Esto nos servirá para determinar la velocidad de disparo: más rápida a foco directo, más lenta a proyección ocular.

Para calcular la medida del disco solar en el sensor tendremos en cuenta lo siguiente: en máquinas con sensor Full Frame, cada metro de focal de telescopio nos dará un tamaño de disco solar de 10 mm en el sensor. En sensores micro 4/3 el tamaño será el doble, 20 mm.

El procedimiento: siguiendo las rutinas ya explicadas, colocaremos el telescopio en estación, con el filtro de protección correspondiente y un ocular que nos permita ver todo el disco solar. Enfocaremos el ocular hasta tener una imagen nítida del Sol. Sacaremos el ocular y colocaremos la DSLR con el adaptador a telescopio. Volveremos a enfocar. Centraremos la imagen en el visor con ayuda de los movimientos lentos del telescopio. Deberíamos tener la DSLR configurada con los parámetros especificados. Con el disparador remoto empezaremos las pruebas de exposición. Cuando tengamos la exposición correcta empezaremos a tomar imágenes del eclipse. Durante la fase de totalidad, quitaremos el filtro de protección de nuestro telescopio y tomaremos fotografías de la corona solar. Las exposiciones para la corona son significativamente más lentas. Si la montura tiene seguimiento haga tomas muy largas, hasta uno, dos o más segundos. Si no tiene seguimiento, suba la ISO para hacer la cámara más sensible. Esté atento a la finalización de la totalidad. Antes de la Perlas de Baily y el Anillo de Diamante de salida, ponga de nuevo el filtro de protección y vuelva a la rutina de eclipse parcial, hasta la finalización.

FOTOGRAFÍA CON TELESCOPIO Y CÁMARAS PLANETARIAS TIPO CMOS

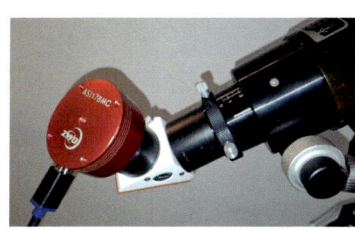

En este tipo de fotografía es indispensable que el telescopio, además del filtro de protección, esté montado sobre una montura con seguimiento. También es imprescindible un ordenador portátil. Este tipo de cámaras se gestionan directamente por ordenador.

Tienen un software específico y los sensores pueden ser en color o en blanco y negro. Muchas cámaras fotográficas comerciales montan sensores similares, o iguales, pero en este caso los sensores están montados en unas carcasas pequeñas diseñadas para fotografía astronómica.

Estas carcasas ya tienen la nariz diseñada para acoplarlas a telescopios con portaoculares de 1 ¼ y 2 pulgadas.

El procedimiento es el siguiente: poner el telescopio en estación, conectarlo a fuente de alimentación, colocar el filtro de protección solar y colocar un ocular para el apuntado y completado de la puesta en estación. Una vez el Sol esté centrado y con un buen seguimiento, retiraremos el ocular y colocaremos la cámara Cmos en el portaocular y la conectaremos con un cable USB al ordenador. Encenderemos ordenador y abriremos el software específico de la Cmos (el más utilizado es el FireCapture). El software nos reconocerá la cámara y se abrirá el entorno de trabajo. Allí seleccionaremos la ganancia, tiempo de exposición y dónde guardar las imágenes. Deberemos centrar y enfocar bien el Sol graduando los parámetros indicados y rectificando con el pomo de enfoque del telescopio. Cuando todo esté a nuestro gusto iniciaremos el trabajo fotográfico. Después del eclipse, estas imágenes deberán procesarse con otro software para sacar el máximo partido de cada una de ellas.

Estas cámaras suelen tener un sensor muy pequeño, lo que da un factor de ampliación muy grande. Cualquier cámara no vale para cualquier telescopio. Antes de comprar nada asesórese bien. Este es un sistema caro y complejo. Sería el nivel PRO de la observación solar. No se recomienda si no se domina perfectamente la técnica.

Trabajar con telescopios y cámaras especiales para fotografiar el Sol. Este es el observatorio de José Muñoz Reales, en Barcelona. Observe la caja de protección para el ordenador portátil; sin ella, el reflejo de la luz solar no nos dejaría ver detalles de las imágenes en la pantalla. Para conseguir buenas imágenes del Sol hay que practicar mucho. José Muñoz es uno de los mejores fotógrafos solares de nuestro país.

Fotografía con telescopio/cámara inteligente

Este sistema es muy novedoso. Muchos amantes de la astronomía lo están utilizando y está desplazando a otros sistemas de astrofotografía más sofisticados y caros. Es un pequeño telescopio inteligente y automático, con una abertura muy pequeña y una distancia focal corta. Esto le permite realizar fotografías de gran campo de cualquier objeto celeste, Luna y Sol incluidos. El aparato se gobierna con la ayuda de una aplicación de móvil y Wi-Fi o Bluetooth. El sistema es bastante autónomo y automático. Se selecciona el campo a fotografiar y el aparato lo busca, lo enfoca, empieza a seguirlo y realiza tomas fotográficas que va sumando hasta formar una imagen nítida y enfocada de la nebulosa, galaxia o cualquier otro objeto. Las imágenes son enviadas directamente al teléfono. Usted solo tiene que mirar la pantalla de su dispositivo móvil para hacer astronomía. Tiene un sistema de posicionamiento y localización capaz de encontrar cualquier campo estelar. Es formidable.

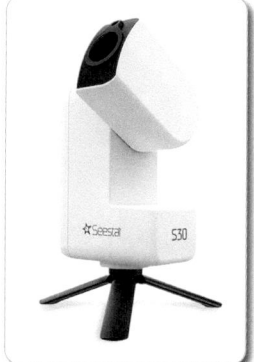

Seestar S30.

Para fotografiar el Sol, solo debe colocar el filtro solar, incluido en el precio, seleccionar "Sol" y el aparato lo centra, lo enfoca y determina la exposición más corta. En pocos minutos estará observando las manchas solares de nuestra estrella.

Existen diversas marcas en el mercado. La más conocida es Seestar. Su primer modelo es el S50. Este modelo permite imágenes del Sol completo, pero no cabría la corona solar de la totalidad. El modelo S30, tiene una focal más corta y le permitirá fotografiar el Sol durante todas las fases del eclipse y la corona en la totalidad.

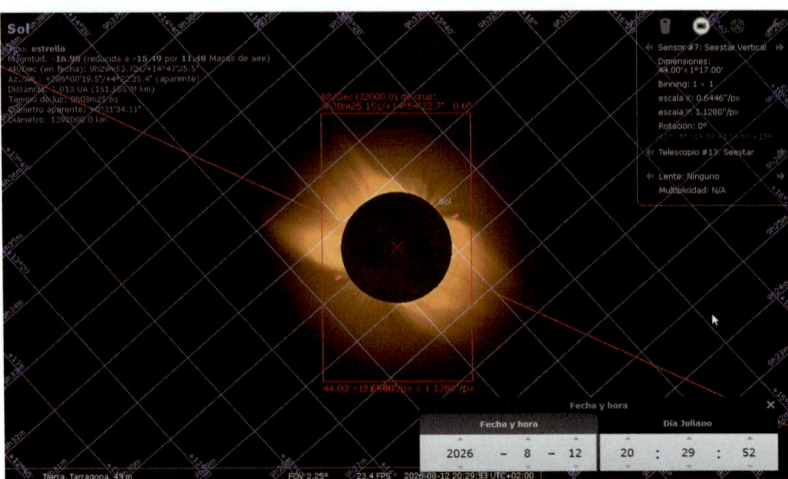

El recuadro rojo marca el campo fotográfico del modelo S50.
Simulación realizada con Stellarium.

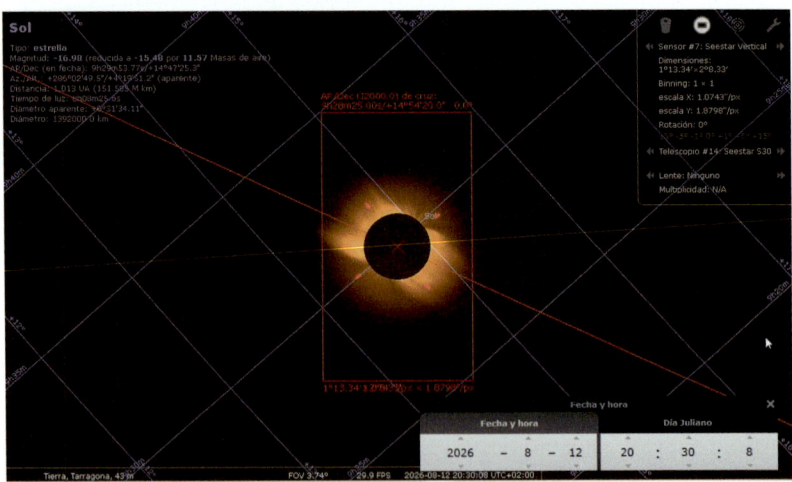

El recuadro rojo marca el campo fotográfico del modelo S30,
mucho más amplio que el modelo S50. La corona solar cabrá perfectamente.
Simulación realizada con Stellarium.

Este sistema le permitirá, una vez programada la sesión fotográfica del eclipse con la AAP, desentenderse del aparato y su funcionamiento. Podrá observar directamente el eclipse con las gafas de protección y disfrutarlo en directo con sus amigos y familia.

Acabado el eclipse tendrá toda la secuencia del mismo en su teléfono móvil, desde el que podrá compartirlo con quien usted quiera. En la fase de totalidad, debería quitar el filtro solar de protección, como en cualquier otro telescopio.

Filtro solar magnético en el Seestar.

Es un aparato bastante pequeño y transportable. El modelo S30 pesa algo más de un kilo y medio, y es más pequeño que una caja de zapatos. Su precio medio está entre los 500 y los 600 euros; más económico que un teleobjetivo de cámara fotográfica. La calidad de su óptica, triplete apocromático, es excepcional. Una opción a tener en cuenta.

Valore otras marcas y modelos, pero este es el más extendido entre los aficionados a la astronomía. El Seestar es un instrumento bastante sencillo de funcionamiento, pero como todos los aparatos, debería practicar con él antes del eclipse.

Si le apetece fotografiar y seguir el eclipse con alguna de estas técnicas, pruebe el material y los procedimientos semanas antes del día señalado. No haga pruebas y experimentos el día del eclipse. El día del eclipse hay que ir organizado y con material redundante, porque seguro que algo fallará. Si le pasa esto, no se ponga nervioso; se sienta o se tumba en el suelo, se coloca las gafas de observar eclipses y disfrute del espectáculo.

PELIGROS ECLIPSE. Si llevamos material óptico para observar el eclipse estaremos muy atentos para que nadie ponga el ojo en el ocular o visor de la cámara si el telescopio no tiene el filtro de protección puesto. Se puede dar el caso de que estemos haciendo proyección por ocular desde el telescopio o un prismático y que alguien, por descuido o desconocimiento, intente observar por la zona de peligro. **ATENCIÓN A LOS NIÑOS**, su curiosidad les puede causar daños en un descuido.

PLANIFICACIÓN DEL ECLIPSE

Todavía falta mucho, sí, pero el tiempo pasa volando y es importante tener una buena planificación. Un consejo primordial: si su lugar de residencia está dentro de la zona de Umbra del eclipse, NO SE MUEVA DE CASA. Podrá observar el eclipse desde una ventana, balcón o terraza, incluso tomando un refresco sentado en la terracita de un bar cercano. Ni lo dude, este será el mejor plan.

Si su residencia está en la zona penumbral, tiene dos opciones:

- Conformarse con ver el eclipse parcial.
- Desplazarse para verlo total.

Si sus circunstancias personales, laborales o familiares no le permiten ver la totalidad, aproveche y mire la parcialidad. Si está cerca de la zona de Umbra, el eclipse parcial será muy profundo y vistoso.

Pero si está relativamente cerca de la Umbra y se desplaza para observar el eclipse, deberá tener en cuenta algunas cosas:

- ¿Irá y volverá en el mismo día?
- ¿Está lejos?
- ¿Tiene algún lugar escogido para la observación?
- ¿Es de fácil acceso?
- ¿Llevará material astronómico?
- ¿Irá solo o acompañado?

Falta más de un año para que se produzca el primer eclipse mientras escribo estas líneas. Pues bien, TODOS los hoteles situados dentro de la franja de totalidad ya están reservados por miles de interesados en la observación de este tipo de fenómenos. ¿Ve a dónde quiero ir a parar? Millones de personas visitarán nuestro país para ver el eclipse. Vendrán de todos los confines del mundo. Y saturarán los hoteles, las carreteras se llenarán de coches y todo será un poco caótico. Existe una comisión nacional para los eclipses. Una especie de gabinete de crisis donde se están buscando soluciones a todos los problemas que se nos vendrán encima.

Una buena planificación del eclipse es la clave del éxito.

Si se tiene que desplazar muchos kilómetros para ver la totalidad, no deje para última hora el tema del alojamiento. No intente llegar al sitio con poca antelación. Lleve comida y agua. Y tenga previsto un plan B.

En cuanto a los que se dedican a perseguir eclipses totales por el mundo, conozco a un par de ellos, dos años antes del eclipse ya estaban visitando lugares para ver cuáles son las mejores opciones para observarlos. Tenga presente que todas las explanadas desiertas y bien situadas dentro de la franja de sombra estarán colapsadas y llenas de gente el día del eclipse. Miles de personas verán el eclipse desde la carretera, en pleno atasco. Seamos previsores.

A pesar de la previsión, podríamos tener algún inconveniente de última hora. El más común es el de las nubes, tormentas y mal tiempo. Antes de decidirnos por un sitio en concreto investiguemos si por las fechas previstas, estadísticamente, hace buen tiempo. A pesar de todo, un par de días antes vigilemos la previsión meteorológica y adelantémonos al mal tiempo. Es muy habitual cambiar de ubicación unos cientos de kilómetros para asegurarnos la totalidad.

Comprueba la meteo
de la zona de observación.

El vehículo es tan importante
como el telescopio.

El vehículo que vayamos a llevar ha de tener el depósito lleno, ha de haber pasado por una revisión y ha de tener las ruedas bien infladas. No nos puede fallar el día del eclipse.

Habrá que llegar al sitio de observación con mucha antelación. Si debe viajar muchos kilómetros, recomiendo llegar un día o dos antes del eclipse. Si es desplazamiento corto, con varias horas de antelación. Lleve comida y agua abundante, crema de protección solar, parasol para protegernos a la sombra mientras esperamos, sillas de camping, nevera portátil, gorras y gafas de sol, además del equipo de observación. No invada terrenos privados y particulares. Y no se meta en medio de un campo sembrado.

Protéjase contra el sol con protección solar, gorra, gafas e hidratación.

Cuando acabe el eclipse, los miles de personas que estaban a nuestro alrededor tendrán prisa por volver a casa. Si hemos sido previsores y nos hemos ahorrado el colapso de llegada, seamos inteligentes y ahorrémonos el de salida. No tengamos prisa por marchar. Esperemos un par de horas, o más, a que todos se hayan ido y hagámoslo nosotros. Recojamos la basura que hayamos generado, la reciclaremos en el contenedor más cercano a nuestro domicilio.

Es interesante señalar que el 12 de agosto de 2026 es una fecha astronómicamente interesante haya o no haya eclipse total de Sol. El eclipse del 12 de agosto de 2026 coincide con el máximo de las Perseidas, la lluvia de estrellas también conocida como las Lágrimas de San Lorenzo. Además, es Luna nueva. Una noche perfecta para hacer astronomía observacional, astrofoto y lo que se nos ocurra. ¡Un planazo!

¡Planazo! Lluvia de estrellas después del eclipse.

ACTIVIDADES ASTRONÓMICAS. Coincidiendo con el eclipse del 12 de agosto de 2026 se celebrará el RETA 2026. La 5.ª edición de la reunión europea de telescopios astronómicos. Del 10 al 15 de agosto en Marcilla de Campos, Palencia.

El eclipse del 2 de agosto de 2027 también es una fecha señalada: cercana al máximo de las Perseidas y Luna nueva. ¡Otro planazo!

CÓMO ESCOGER UN BUEN LUGAR PARA OBSERVAR EL ECLIPSE

Astrónomos profesionales y amateurs españoles han unido esfuerzos y han creado la Comisión Nacional del Eclipse (CNE). Están coordinando y desarrollando las actividades que estos eclipses llevan asociadas; actúan como enlace con los diferentes organismos y sectores que se verán implicados en los tres próximos eclipses.

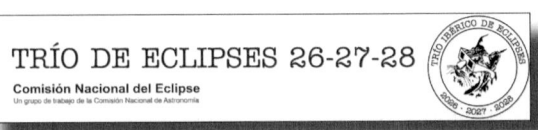

Las diversas asociaciones astronómicas de aficionados que tenemos diseminadas por todo el territorio están presentando propuestas para coordinar los Nodos de observación. El colectivo de astrónomos amateur liderará, sin duda, la planificación y el trabajo de divulgar y ayudar a observar estos eclipses.

Las asociaciones astronómicas, especialmente las que por su ubicación geográfica están inmersas o próximas a las zonas de totalidad, están empezando a determinar los lugares óptimos para ser puntos de observación: la red de Nodos.

Estas ubicaciones deberán cumplir una serie de requisitos:

- Tener fácil acceso con carreteras principales.
- Estar cerca de zonas con buena oferta hotelera.
- Que estén dentro de la franja del eclipse donde este tenga la mayor duración en la fase de totalidad.
- Que las condiciones meteorológicas habituales sean favorables por la fecha del eclipse.

Toda esta información estará disponible en la web de la FAAE (Federación de Asociaciones Astronómicas de España). De momento dispone de una web directa https://eclipse-spain.es/ y la Comisión Nacional del Eclipse (CNE) está trabajando para crear otros puntos web de información accesibles al público en general.

Federación de Asociaciones
Astronómicas de España

De todas maneras, cualquier asociación astronómica cerca de su domicilio le asesorará perfectamente.

ASEGURARNOS UN BUEN LUGAR DE OBSERVACIÓN DEL ECLIPSE

Si decidimos realizar la aventura por nuestra cuenta y riesgo, ¿cómo podemos saber que el lugar de observación que hemos escogido es el más adecuado? Afortunadamente, tenemos unas cuantas ayudas a las que recurrir.

Existe una aplicación gratuita para móvil, que nos sacará las castañas del fuego: ECLIPSE 2.0, desarrollada por Eduard Masana, de la Universidad de Barcelona. La aplicación es muy sencilla de utilizar. Después de abrirla, seleccionamos el tipo de eclipse que queremos ver, solar o lunar, y tiene una opción para exoplanetas. Podemos buscar por periodos de años en el futuro o en el pasado. Buscar por fenómenos o por ubicaciones. Cuando seleccionamos el eclipse que nos interesa nos da las opciones de visibilidad, mapa del eclipse, o de cómo lo veremos en una ubicación determinada (esta opción es interesante), opción de vista real (realidad aumentada), limbo lunar... Además de horarios de los contactos y de la totalidad en cualquier ubicación que establezca.

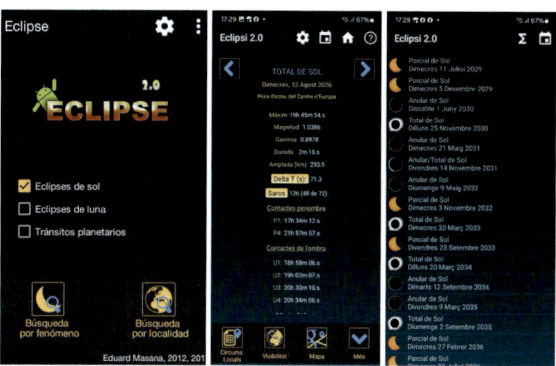

Aplicación eclipse 2.0 De Eduard Masana, puede calcular todos los eclipses futuros, recrear los antiguos y dar detallada información en cada punto del mapa de visibilidad.

La aplicación dibuja mapas de Umbra y si clica en un punto del mapa le genera, para ese punto en concreto, los datos de ocultación, horarios y altura del Sol. Es la herramienta perfecta para gestionar la observación de cualquier eclipse, presente o futuro. ¡Y es gratuita!

Hay que ser cuidadoso con el tema de los horarios. En astronomía trabajamos con el tiempo universal **TU**, que es el tiempo solar. Y nuestro reloj nos da el tiempo civil **TC**. La aplicación los especifica bien, pero, sobre todo, ¡No se equivoque de hora!

Con ECLIPSE 2.0 también podemos simular el fenómeno que vamos a observar. Le da la opción, de manera manual, moviendo una barra, de visualizar y anticipar qué pasara según las previsiones.

Evidentemente, no instale la aplicación el mismo día del eclipse. Necesitará unos días para familiarizarse con ella. Además, es la herramienta perfecta para planificar el lugar de observación.

CÁLCULO DE LA POSICIÓN DEL SOL POR DÍA ESPEJO

También podemos simular las condiciones del eclipse en tiempo real. Si realmente queremos comprobar dónde se pone y a que altura estará realmente el Sol el día del eclipse, podemos recurrir al día espejo calculado por la Analema.

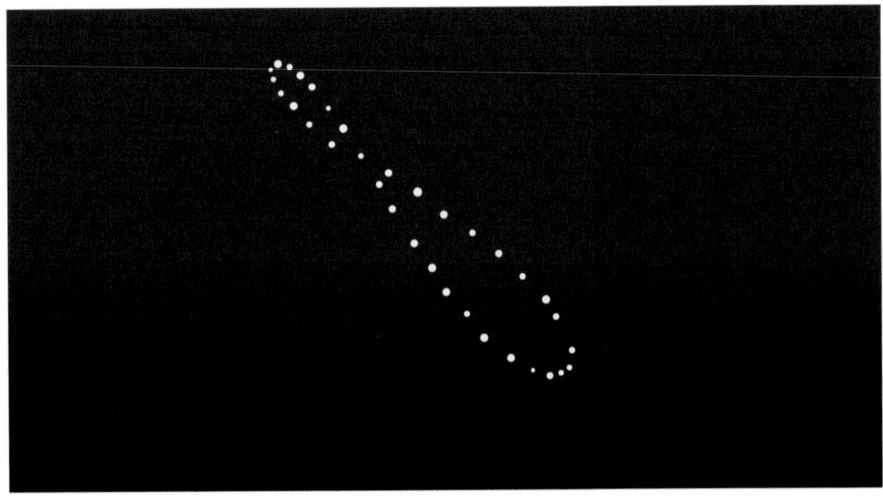

Representación de una Analema solar.

La Analema solar es una figura en forma de ocho que dibuja el paso del Sol por el firmamento a lo largo del año. Este será nuestro punto de partida. No es indispensable que conozca detalladamente qué es, y cómo se realiza una Analema, solo lo comento para que todos entiendan el proceso que vamos a realizar. Finalmente, le daré los parámetros que debe aplicar para que no tenga que esforzarse demasiado.

Para realizar el cálculo tomaremos como punto de partida el solsticio de verano, que ocurrirá sobre el 21 de junio. El solsticio es el punto de la Analema donde el Sol está más alto en el firmamento a mediodía. Este evento marca el día más largo del año y el inicio del verano.

Ahora vayamos al eclipse de 2026. Ocurrirá el 12 de agosto y se calcula que la totalidad ocurrirá sobre las 18.29 **TU** (hora solar). La diferencia entre la fecha del solsticio y el eclipse es de 52 días. Si Le restamos estos días al solsticio, nos dará el 30 de abril. Pues el 30 de abril a las 18.29 **TU** (hora solar) el Sol estará a la misma altura y se pondrá casi por el mismo sitio que el 12 de agosto a la misma hora.

El eclipse de 2027 ocurrirá el 2 de agosto y la totalidad a las 08.47 **TU** (hora solar). Existe una diferencia de 42 días entre la fecha del solsticio y la del eclipse, que si los restamos a la fecha del solsticio nos remite al 10 de mayo de 2027. El 10 de mayo a las 08.47 **TU** el Sol estará en el mismo lugar y altura que el 2 de agosto a la misma hora. Esto se cumple para un mismo lugar y ubicación.

Para el eclipse anular de 2028 tomaremos como referencia el solsticio de invierno, el 21 de diciembre, para hacer los cálculos.

El desfase de situación del Sol de un día para otro, a la misma hora, es de pocos minutos. Un par de días antes o después no cambia mucho si el Sol está alto. En el caso de que el Sol esté bajo en el horizonte esta situación se convierte en crítica, pues establecerá la diferencia entre poder ver el eclipse o no.

El cálculo de la posición del Sol por el sistema de día espejo es aproximado, pero bastante fiable para hacernos una idea de si el sitio escogido es adecuado o no para observar el eclipse. Pero requiere la presencia física en los lugares que se quieren testar. Evidentemente, o hacemos grupos y nos repartimos las zonas a comprobar o solo podremos examinar un lugar o dos. Además, si estamos lejos de los lugares escogidos viajaremos un montón de kilómetros, con el gasto que eso representa.

Pero para todo hay remedio. Para los amantes de la tecnología y las aplicaciones para móviles, existe una solución de pago para realizar este cálculo: **Photopills**. Con la ayuda de la realidad aumentada **Photopills** nos ayudará a planificar el eclipse. Nos dirá a qué altura y azimut está el Sol en cualquier ubicación y hora del planeta.

TIEMPO UNIVERSAL Y TIEMPO CIVIL. El tiempo universal TU (o UT en países anglosajones) es la hora solar. El tiempo civil TC es el TU + 1 hora en invierno; y el TU + 2 horas en verano. Algunas aplicaciones nos darán la hora del eclipse en TU.

Tenemos una última opción, el planetario **Stellarium**, un software gratuito que le permite ver en la pantalla de su ordenador la bóveda celeste a cualquier hora y en cualquier lugar del mundo. Estrellas, planetas, Luna, Sol..., calcula los Ortos y Ocasos y le muestra la posición exacta de Sol en la ubicación que le pida.

Software Stellarium, uno de los mejores planetarios para ordenador y teléfono móvil.

CICLO DE SAROS

La periodicidad y recurrencia de los eclipses de Sol está regida por el periodo de Saros. Un periodo de Saros dura 6585.3 días (18 años, 11 días y 8 horas). Los antiguos caldeos ya lo conocían, pero en relación a la Luna, pues se dieron cuenta de que los eclipses lunares parecían repetirse. Pero el ciclo también se aplica a los eclipses solares.

Pero ¿qué causa este ciclo? Pues la armonía entre los tres periodos orbitales de la Luna. Podemos contar un mes lunar de tres maneras diferentes:

- Mes sinódico (de Luna nueva a Luna nueva) que equivale a 29 d 12 h 44 m 03 s.

- Mes anómalo (de Perigeo a Perigeo) que equivale a 27 d 13 h 18 m 33 s.

- Mes dracónico (de nodo a nodo) que equivale a 27 d 05 h 05 m 36 s.

Un periodo de Saros equivale a 223 meses sinódicos, pero también a 239 meses anomalísticos o a 242 meses dracónicos.

Dos eclipses cualesquiera, separados, pero del mismo ciclo de Saros comparten geometrías muy similares:

- Ocurren en el mismo Nodo.

- La Luna está a la misma distancia de la Tierra.

- Ocurren en la misma época del año.

Aunque debido a que el periodo de Saros no corresponde a un número entero de días, la rotación de la Tierra hace que los eclipses solares posteriores se desplacen 120° hacia el Oeste. Y cada tres ciclos de Saros (54 años y 34 días) los eclipses se repiten en la misma zona geográfica.

Estas similitudes son muy útiles para organizar los eclipses en familias o series. Cada serie dura entre 12 y 13 siglos y contiene una media de unos 70 eclipses.

El eclipse de 12 de agosto de 2026 pertenece a la serie Saros 126. Esta serie tuvo su primer eclipse el 10 de marzo de 1179 y tendrá el último el 3 de mayo de 2459. Esta serie contiene 72 eclipses en un periodo de tiempo de 1280 años. Este eclipse es el número 48 de la serie.

El eclipse del 2 de agosto de 2027 pertenece a la serie Saros 136. Esta serie tuvo su primer eclipse el 14 de junio de 1360 y finalizará con el eclipse del 30 de julio de 2622. Es una serie compuesta por 71 eclipses en un periodo de tiempo de 126 211 años.

El eclipse anular del 26 de enero de 2028 pertenece a la serie Saros 141. Esta serie tuvo su primer eclipse el 19 de mayo de 1613 y finalizará el 13 de junio de 2857. Se trata de una serie compuesta por 70 eclipses en un periodo de tiempo de 124 408 años.

Vamos a estudiar en profundidad los tres eclipses. Para ello nos ayudaremos de los recursos ya mencionados y de alguno nuevo que comentaremos.

TRÍO DE ECLIPSES

ECLIPSE TOTAL DE SOL, 12 DE AGOSTO DE 2026

Particularidades

La Umbra de la Luna tocará la superficie terrestre en la parte más oriental y septentrional de Rusia. Un lugar poco habitado llamado región de Krasnoyarsk. No creo que ningún lector esté interesado en verlo desde allí, pero nunca se sabe. La Umbra avanzará a una velocidad de casi 24 km/s y se dirigirá hacia el mar de Láptev y hacia el Ártico. A medida que avance por el océano Ártico la velocidad de avance de la Umbra se irá reduciendo. Es una cuestión de geometría, la Luna no acelera ni frena, pero su sombra tiene velocidades diferentes dependiendo de la latitud y la longitud del globo terráqueo donde se proyecta. La Umbra entrará por la parte oriental de Groenlandia a una velocidad de 1.35 km/s y una anchura de 275.2 kilómetros. Bajará hacia el Sur atravesando todo el país. En Groenlandia la duración del máximo rondará los 2 minutos y 13 segundos.

La Umbra saldrá de Groenlandia en dirección a la parte occidental de Islandia. Tocará la isla de refilón, y aunque la línea de centralidad del eclipse estará en el mar, la duración de la totalidad rondará los 2 minutos y 18 segundos de tiempo. La velocidad de la Umbra rondará los 0.9 km/s y tendrá una anchura de unos 302 km, aunque la parte de Umbra que tocará Islandia no sobrepasará los 100 km. Islandia está situada en lo que consideramos la parte central del eclipse. El lugar donde el tiempo de totalidad es el más largo y aprovechable.

Islandia será un buen lugar para observar el eclipse. Pero recuerde, solo en una pequeña franja de la parte occidental de la isla y teniendo en cuenta la meteorología del lugar. En caso de mal tiempo, o nubes, no tendremos mucho margen de maniobra. El Sol se encontrará bien posicionado a unos 30 grados de altura sobre el horizonte.

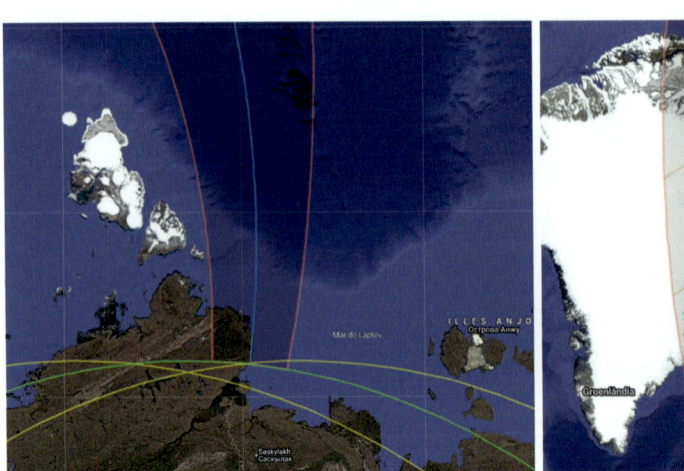

A la izquierda, región de Krasnoyarsk, punto de entrada del eclipse
total de 2026. A la derecha, Islandia, centralidad el eclipse.
Fuente de ambas: mapas interactivos de los eclipses de Google Maps.

Dejamos atrás Islandia, la Umbra del eclipse cruza el Atlántico y entra por el Noroeste de la península Ibérica a una velocidad de 2.07 km/s y una anchura de 305 kilómetros. El eclipse cruzará una franja que va de Noroeste a Sudeste, y deja fuera de la zona de totalidad ciudades tan importantes como Santiago de Compostela, Ourense, Salamanca y Madrid por la parte Sur; y Pamplona, Huesca y Barcelona por el Norte. Pero las deja fuera por muy poquito. O sea, que millones de personas se podrían desplazar pocos kilómetros para ver este magnífico espectáculo natural.

Paso del eclipse por España.
Fuente: mapas interactivos de los eclipses de Google Maps.

La totalidad de este eclipse será visible a última hora de la tarde, hora española, y el Sol estará cada vez más bajo cuanto más al Este nos encontremos. Esto será un problema en zonas con horizontes montañosos. La duración de la totalidad variará entre 1 minuto y 50 segundos (Galicia) y 1 minuto y 36 segundos (Mallorca) en la línea central del eclipse, y hasta pocos segundos en los límites Norte y Sur de la franja de totalidad.

Vamos a ver diversos puntos de referencia sobre la península Ibérica, y cómo afecta la situación geográfica a la observación del eclipse. Veremos la entrada de la Umbra en la Península, punto medio, y la salida de la Umbra de la Península, en las islas Baleares.

La altura del Sol sobre el horizonte en Asturias, punto de entrada, durante la totalidad será de 10.7 grados; el eclipse se verá entero.

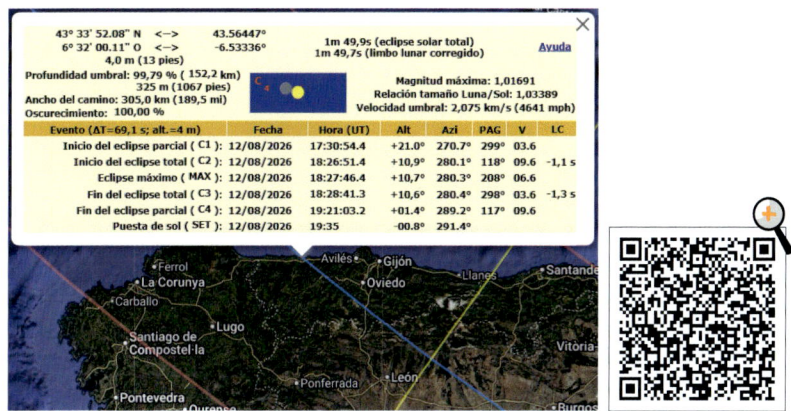

Información horaria del eclipse en el punto central de entrada en la Península. Fuente: mapas interactivos de los eclipses de Google Maps.

La altura del Sol sobre el horizonte, en una zona entre Burgos y Palencia, durante la totalidad será de 8 grados. El final del eclipse parcial no se verá porque la puesta de Sol ocurrirá dos minutos antes.

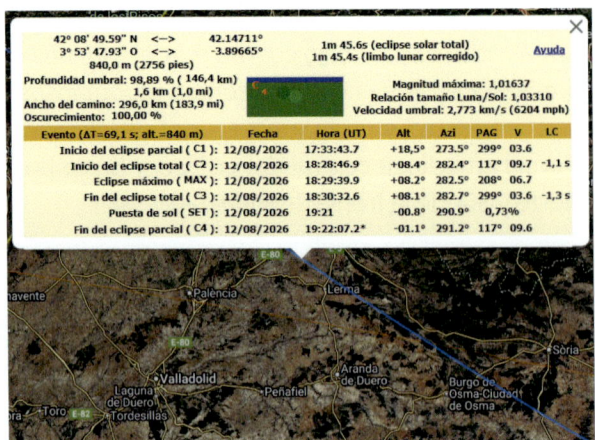

Información horaria del eclipse en el punto central
en una zona situada entre Palencia y Burgos.
Fuente: mapas interactivos de los eclipses de Google Maps.

La altura del Sol sobre el horizonte, cerca de Peñíscola, durante la totalidad, será de 4 grados. El final del eclipse parcial no se verá porque la puesta de Sol ocurrirá 22 minutos antes.

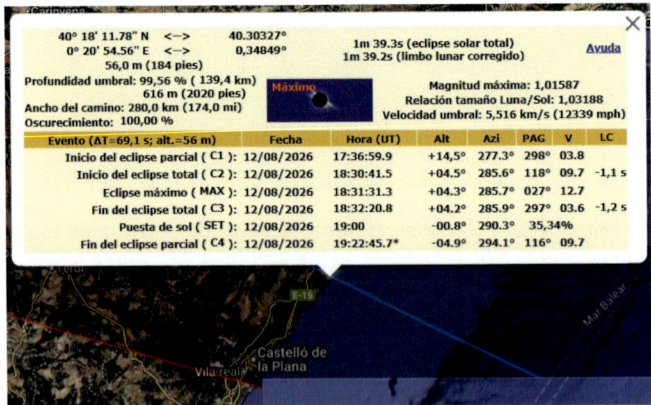

Información horaria del eclipse en el punto central de salida
de la Península. Norte de Castellón de la Plana.
Fuente: mapas interactivos de los eclipses de Google Maps.

La altura del Sol sobre el horizonte, en Palma, durante la totalidad será de 2.4 grados. El final del eclipse parcial no se verá porque la puesta de Sol ocurrirá 33 minutos antes.

39° 30' 28.82" N <-> 39.50801°	1m 36,2s (eclipse solar total)			
2° 38' 33.44" E <-> 2.64262°	1m 36,1s (limbo lunar corregido)			Ayuda

Profundidad umbral: 99,57 % (135,0 km)
580 m (1903 pies)
Ancho del camino: 271,2 km (168,5 mi)
Oscurecimiento: 100,00 %

Magnitud máxima: 1,01556
Relación tamaño Luna/Sol: 1,03126
Velocidad umbral: 10,221 km/s (22864 mph)

Evento (ΔT=69,1 s)	Fecha	Hora (UT)	Alt	Azi	PAG	V	LC
Inicio del eclipse parcial (C1):	12/08/2026	17:38:11.5	+12,4°	279,0°	298°	03.8	
Inicio del eclipse total (C2):	12/08/2026	18:31:11.8	+02,5°	287,2°	117°	09.8	-1,1 s
Eclipse máximo (MAX):	12/08/2026	18:32:00.0	+02,3°	287,3°	207°	06.8	
Fin del eclipse total (C3):	12/08/2026	18:32:48.0	+02,2°	287,4°	297°	03.6	-1,2 s
Puesta de sol (SET):	12/08/2026	18:49	-00,8°	290,0°	60,65%		
Fin del eclipse parcial (C4):	12/08/2026	19:22:38.5*	-06,8°	295,5°	116°	09.7	

Información horaria del eclipse en Palma de Mallorca.
Fuente: mapas interactivos de los eclipses de Google Maps.

En todos los casos veremos la parte de la totalidad del eclipse, pero no la parte final, y parcial, del eclipse. Lo que sería la salida de la Luna.

Ya hemos explicado cómo medir distancias angulares en el cielo con ayuda de la mano. El Sol, en su punto más alto (Galicia), estará a un puño sobre el horizonte. Y en el punto más bajo (Baleares) estará a la suma del grueso de dos meñiques y medio. De aquí la importancia de escoger un lugar de observación sin montañas que nos limiten la visión. Afortunadamente, en Palma lo tendremos sobre el horizonte marítimo.

Tiene como referencia los mapas anexos, pero le recomiendo que entre en la web de la FAAE (Federación de Asociaciones Astronómicas de España) (https://federacionastronomica.es/) y que busque el banner de "Eclipses en España 2026-2027-2028", clique en el eclipse 12 de agosto de 2026 (https://eclipse-spain.es/index.php/es/eclipse-total-de-sol-2026-12-de-agosto) y acceda directamente a los mapas interactivos del eclipse. Si va clicando a lo largo del mapa aparecerán unas leyendas con toda la información que necesita saber: tiempos, contactos de la Umbra, altura del Sol, velocidad de la Umbra, anchura de la zona de Umbra, etc. Incluso existe la posibilidad de consultar datos sobre la elevación del terreno y los perfiles del horizonte en el lugar de observación. Vale la pena investigar un poco y sacarle el máximo beneficio.

> **Recuerde** que las horas están en TU (tiempo universal). La TC (hora civil) se calcula sumando 2 horas al TU en verano y 1 hora al TU en invierno.
> El resto de países y ciudades que están fuera de la franja de la Umbra, o franja de totalidad, tanto al Norte como al Sur de la franja, verán el eclipse solo como eclipse parcial. Y cuanto más cerca de esta franja de Umbra, más profundo será el eclipse. Y también será espectacular.

ECLIPSE TOTAL DE SOL, 2 DE AGOSTO DE 2027

Particularidades

Primero de todo, este es el bueno. De los tres, el mejor. El Sol estará alto sobre el horizonte (38 grados), será por la mañana: entre las 09:40 y las 12:00 TC en la zona más occidental de la Península y pocos minutos después en la zona oriental. La totalidad empezará aproximadamente a las 10:45 TC en la zona occidental y unos 5 minutos más tarde en la oriental. La duración de la totalidad será 4 minutos 39 segundos en el mejor de los casos (Tarifa), y 1 minuto 40 segundos en el peor de los casos (Ejido), por poner solo un par de ejemplos. En el pasado eclipse del 12 de agosto de 2026, en el mejor de los casos teníamos 1 minuto 49 segundos. Además, ya estaremos entrenados por el eclipse de 2026. Repetiremos las cosas buenas y podremos rectificar las que hemos hecho mal. La única cosa que nos juega en contra es que la franja de Umbra que atraviesa la Península es muy pequeña. Posiblemente tendremos más masificación.

Paso del eclipse por el estrecho.
Fuente: mapas interactivos de los eclipses de Google Maps.

La Umbra de la Luna tocará la superficie de la Tierra justo en medio del Atlántico. Se desplazará hacía el Este y entrará por la Península justo en la ciudad de Chipiona y la dividirá en dos partes iguales. La parte Norte de Chipiona no podrá ver la totalidad, la parte Sur sí. La Umbra, de 236.7 km de anchura y que va a una velocidad de 1.29 km/s, en su parte Sur entra por África, cerca de la ciudad marroquí de El Behara.

Veamos el recorrido completo del eclipse. La línea de centralidad del eclipse pasa principalmente por el océano Atlántico, Sur de la península Ibérica, el mar Mediterráneo, Marruecos, Argelia, Túnez, Libia, Egipto, Mar Rojo, Arabia Saudí, Yemen y Somalia.

Chipiona dividida por el eclipse. El monumento a Rocío Jurado, en Chipiona, no verá la totalidad del eclipse.
Fuente: mapas interactivos de los eclipses de Google Maps.

Vista general del camino que seguirá la sombra de la Luna.
Fuente: mapas interactivos de los eclipses de Google Maps.

Durante este recorrido destacaremos la ciudad de Orán, justo en la línea central de eclipse, con más de 5 minutos de totalidad; la ciudad de Trípoli, que sufre la misma casuística que Chipiona; la parte Norte de la ciudad podrá ver la totalidad, la parte Sur queda fuera de la Umbra, pero podrá ver la parcialidad. La ciudad de Bengasi, justo en la línea de centralidad, con más de 6 minutos de totalidad. En Egipto tenemos la guinda del eclipse; justo sobre Luxor tendremos el máximo del eclipse con 6 minutos 20 segundos de totalidad. Y en un paraje espectacular. La totalidad también pasa sobre la ciudad de La Meca, con 5 minutos de Umbra.

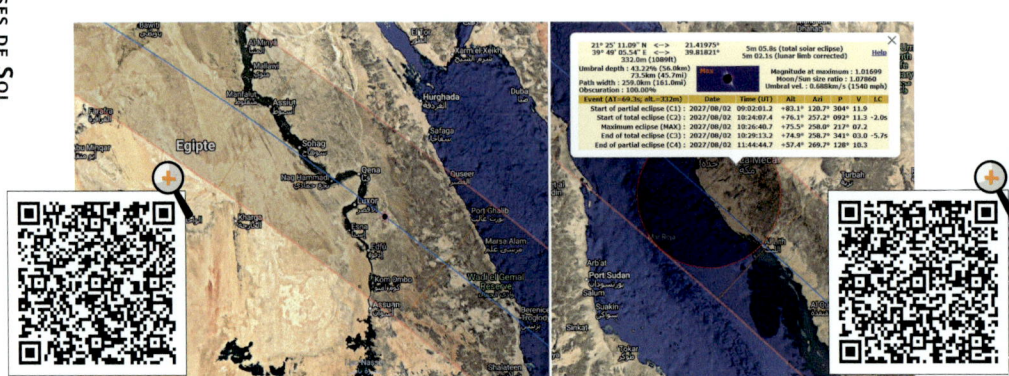

Luxor, punto central del eclipse. Las mejores vistas y, a la derecha, información horaria del eclipse en la Meca. Más de 5 minutos de totalidad.
Fuente para ambas: mapas interactivos de los eclipses de Google Maps.

España vuelve a ser, un año más, un sitio privilegiado para ver el eclipse total. Pero está claro que el eclipse también atravesará, en otros países, zonas turísticas con un encanto especial que atraerá a muchos visitantes. Eso nos podría quitar un poco de presión demográfica. Creo que no recibiremos la avalancha de visitantes del eclipse de 2026. Pero, por si acaso, si tiene pensado ver el eclipse desde la Península empiece a mirar ya el tema del alojamiento.

¿Qué lugares son mejores para la observación de este eclipse? Si alguno de ustedes vive dentro de la franja de totalidad, aunque sea en una esquinita, como Chipiona, Málaga, Nerja, Motril o El Ejido, por poner algunos ejemplos de ciudades que están al límite de la Umbra, pero dentro de la totalidad, yo no me movería de mi casa. El tiempo de totalidad, en los sitios citados, está entre los 40 segundos y un minuto; el Sol estará a una altura de 38 grados sobre el horizonte. ¡Y estará en casa! Lo podrá ver desde la ventana, el balcón, la terraza... Sin agobios.

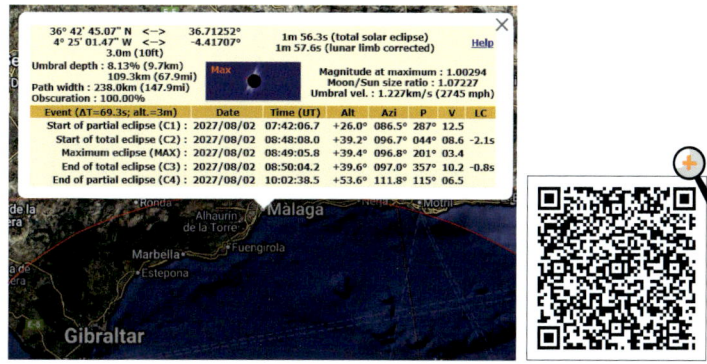

Información horaria del eclipse en Málaga,
al límite de la totalidad, pero con casi 2 minutos de oscuridad.
Fuente: mapas interactivos de los eclipses de Google Maps.

Consulte los horarios del eclipse, en diferentes ciudades, en los cuadros anexos.

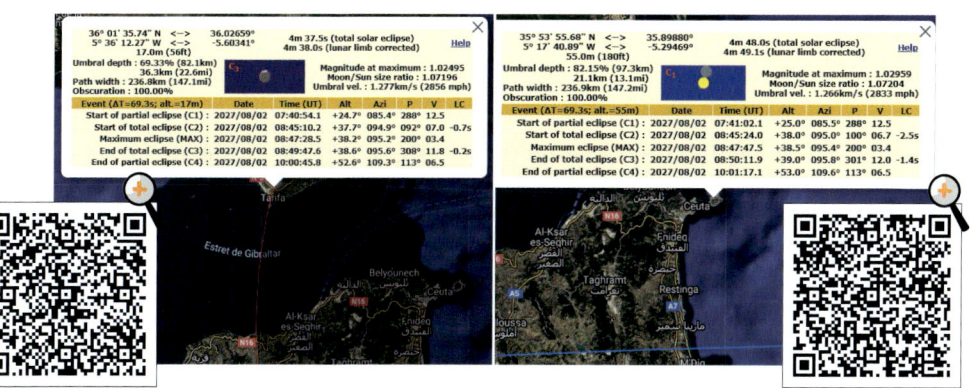

Información horaria del eclipse en Tarifa, izquierda, y Ceuta, derecha.
Fuente: mapas interactivos de los eclipses de Google Maps.

Para los más aventureros, los que vengan de lejos, o los que busquen más minutos de totalidad, disponen de Tarifa, con 4 minutos y 39 segundos de totalidad, y unas playas estupendas; Barbate, con 4 minutos y 18 segundos de totalidad; Algeciras, o Puertollano, con 4 minutos y 29 segundos. Ceuta, también es una buena opción, con 4 minutos y 49 segundos; Tánger, con 4 minutos y 50 segundos; Melilla, con 4 minutos y 40 segundos.

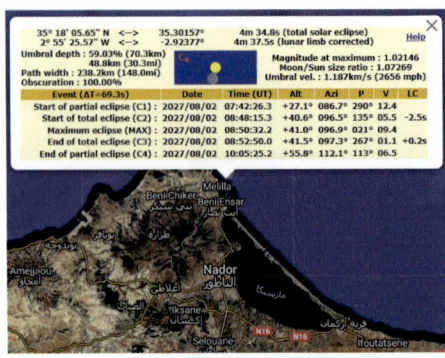

Información horaria del eclipse en Melilla.
Fuente: mapas interactivos de los eclipses de Google Maps.

El resto de países y ciudades que están fuera de la franja de la Umbra, o franja de totalidad, tanto al Norte como al Sur de la franja, verán el eclipse solo como eclipse parcial. Y cuanto más cerca de esta franja de Umbra, más profundo será el eclipse. Y también será espectacular.

Asimismo, hay que tener en cuenta que muchas familias marroquís viajan a su país en la temporada estival en lo que se conoce como Operación Paso del Estrecho (OPE). La fecha del eclipse podría coincidir con viajes masivos, ferris llenos y falta de alojamiento en la zona de Marruecos. En 2024, la OPE movilizó más de 3.4 millones de pasajeros y 847 000 vehículos en los tres meses de verano. Planifique muy bien, y con tiempo, el viaje. Y protéjase del calor estival.

Tiene como referencia los mapas anexos, pero le recomiendo que entre en la web de la FAAE (Federación de Asociaciones Astronómicas de España) (https://federacionastronomica.es/) y que busque el banner de "Eclipses en España 2026-2027-2028", clique el eclipse del 2 de agosto de 2027 (https://eclipse-spain.es/index.php/es/eclipse-total-de-sol-2027-2-de-agosto) y acceda directamente a los mapas interactivos del eclipse. Si va clicando a lo largo del mapa saldrán unas leyendas con toda la información que necesita saber: tiempos, contactos de la Umbra, altura del Sol, velocidad de la Umbra, anchura de la zona de Umbra, etc. Incluso existe la posibilidad de consultar datos sobre la elevación del terreno y los perfiles del horizonte en el lugar de observación. Vale la pena investigar un poco y sacarle el máximo beneficio.

{ **Recuerde** que las horas están en TU (tiempo universal). La TC (hora civil) se calcula sumando 2 horas al TU en verano y 1 hora al TU en invierno. }

ECLIPSE ANULAR DE SOL, 26 DE ENERO DE 2028

Particularidades

Después de ver dos eclipses totales de Sol nos puede parecer poca cosa un eclipse anular. No se equivoque. Los eclipses anulares son espectaculares. Imagine un anillo de fuego en el cielo. Eso es un eclipse anular. El inicio será muy parecido a un eclipse total: fase de parcialidad, Perlas de Baily, Anillo de Diamante, anularidad (anillo de fuego), Anillo de Diamante, Perlas de Baily, parcialidad y final. La Luna está demasiado lejos en la órbita y no consigue tapar del todo al disco solar.

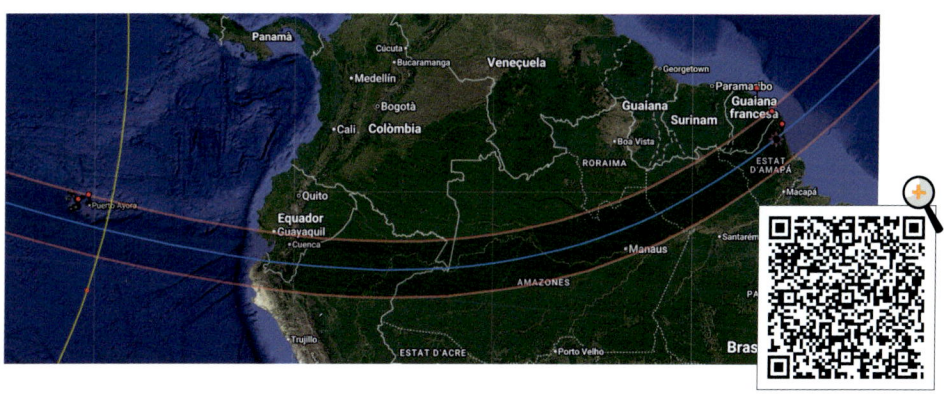

Vista general del paso del eclipse anular por Sudamérica. El punto central del eclipse en Brasil. Fuente: mapas interactivos de los eclipses de Google Maps.

En este eclipse, la Umbra de la Luna, de 350 km de anchura, toca la superficie de la Tierra en el océano Pacífico y se dirige hacia el Este a una velocidad de 2.5 km/s pasando sobre las islas Galápagos, donde tendrán una anularidad de más de 7 minutos y 30 segundos. Atraviesa Ecuador y Perú a una velocidad de Umbra de 1 km/s con tiempo de anularidad de 8 minutos y 30 segundos. Atraviesa todo Brasil y sale al Atlántico por el Sur de la Guyana Francesa; este es el punto central del eclipse, donde dura más la anularidad, 10 minutos y 27 segundos. Atraviesa el océano Atlántico y pasa por encima de las islas Madeira con una velocidad de Umbra de 2.24 km/s y un tiempo máximo de anularidad de 7 minutos. Finalmente, entra por el Sur de Portugal, Sur de España y raspa el cuerno de Tánger, en Marruecos.

En España, la anchura de la Umbra rondará de media los 355 km; la línea de centralidad del eclipse atraviesa la Península de Suroeste a Nordeste por encima de Sevilla, Córdoba, Albacete y València. Las utilizaremos como referencias para observar este eclipse. Quedan fuera de la Umbra ciudades tan importantes como Madrid, Zaragoza, Barcelona y Palma, que verán el eclipse como parcial.

Vista general sobre el Atlántico y la Península y detalle del paso del eclipse sobre España. Fuente: mapas interactivos de los eclipses de Google Maps.

En este eclipse el Sol estará muy bajo, y descenderá más en su camino hacia el Este. Recuerda un poco las circunstancias del eclipse total de Sol de 2026. Se tendrán que buscar horizontes despejados y sin montañas. Veamos cómo evoluciona este eclipse tomando unas cuantas ciudades de referencia.

En Sevilla, el Sol empezará a eclipsarse parcialmente a una altura de 20 grados sobre el horizonte, a las 16:34 h TC. Calcule un palmo sobre el horizonte. La anularidad durará 7 minutos y 10 segundos con el Sol a 7 grados sobre el horizonte. Hora del máximo de anularidad 17:55 h TC. Hora de la puesta de Sol 18:41 h TC. Hora del final absoluto del eclipse 19:07 h TC.

En Córdoba el Sol empezará a eclipsarse parcialmente a una altura de 18 grados sobre el horizonte a las 16:35 h TC. Durante el máximo de anularidad, que durará 7 minutos y 12 segundos, el Sol estará a 6 grados de altura sobre el horizonte a las 17:56 h TC. Tampoco veremos el final del eclipse parcial de salida porque el Sol se pone a las 18:35 h TC, media hora antes de la finalización del mismo.

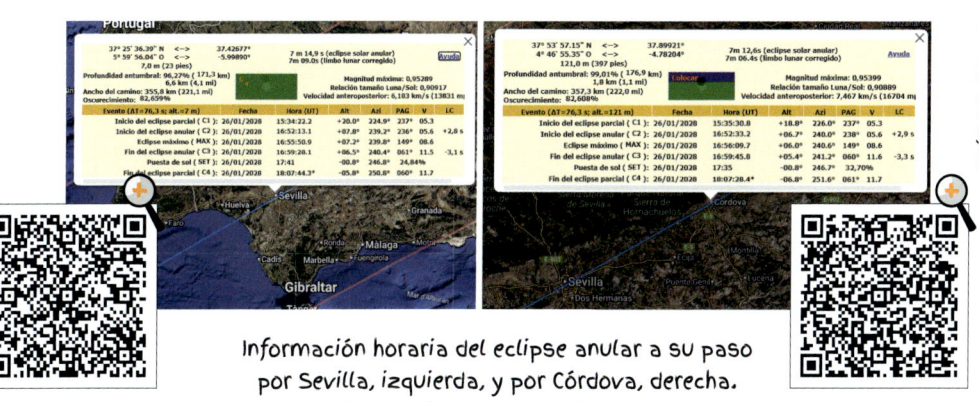

Información horaria del eclipse anular a su paso
por Sevilla, izquierda, y por Córdova, derecha.
Fuente: mapas interactivos de los eclipses de Google Maps.

En Albacete, el Sol empezará a eclipsarse parcialmente a una altura de 16 grados sobre el horizonte a las 16:37 h TC. Durante el máximo de anularidad, que durará 7 minutos y 6 segundos, el Sol estará a menos de 3 grados y medio sobre el horizonte sobre las 18:00 h TC. El Sol se pone a las 18:21 h TC y tampoco podremos ver el final parcial del eclipse.

En València, el Sol empezará a eclipsarse parcialmente a una altura de algo más de 14 grados sobre el horizonte a las 16:39 h TC. Durante el máximo de anularidad, que durará 7 minutos, el Sol estará a 2 grados de altura sobre el horizonte sobre las 17:57 h TC. El Sol se pone a las 18:14 h TC y tampoco podremos ver el final parcial del eclipse.

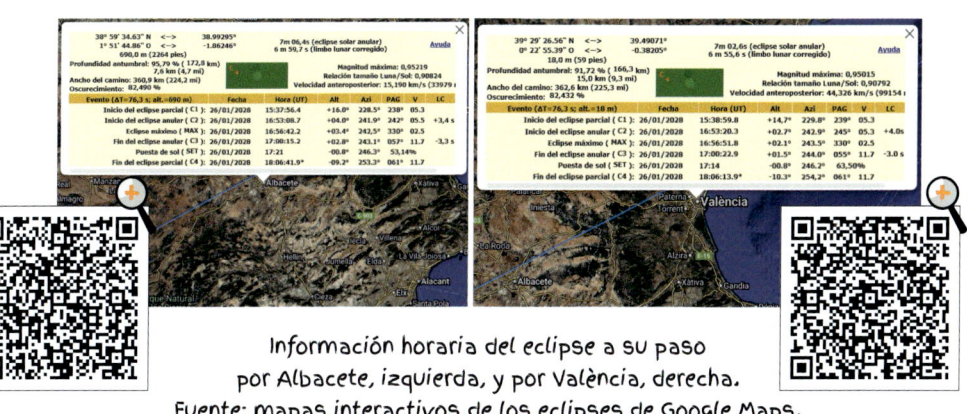

Información horaria del eclipse a su paso
por Albacete, izquierda, y por València, derecha.
Fuente: mapas interactivos de los eclipses de Google Maps.

En las islas Baleares tenemos el extremo final del eclipse. El Sol estará literalmente tocando el horizonte. En Ibiza, a las 16:40 h TC empezará el eclipse con el Sol a casi 14 grados sobre el horizonte. Durante el máximo de anularidad, que durará 4 minutos y 40 segundos, el Sol estará a 1 grado de altura sobre el horizonte a las 17:57 h TC. La puesta de Sol ocurrirá a las 18:08 h TC y no veremos el final parcial. Si le sumamos un minuto a todo y le restamos un grado, tendremos los tiempos y alturas para Mallorca. En Palma verán, literalmente, sumergirse al Sol en el horizonte marítimo en plena anularidad.

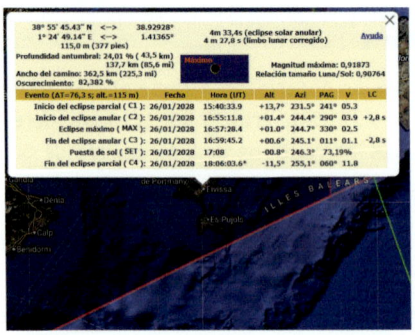

Información horaria del eclipse a su paso por Ibiza.
Fuente: mapas interactivos de los eclipses de Google Maps.

Un dato curioso a tener en cuenta. Como España es el punto de salida de la Umbra del eclipse, la velocidad de la Umbra es bastante alta. Desde los 6.23 km/s en Sevilla hasta los 50.3 km/s en València.

En el resto de España, fuera de la franja de Umbra, el eclipse se verá como parcial. O sea que, si por motivos laborales o personales no se pueden desplazar a la zona de Umbra, tengan a mano las gafas para observar eclipses porque verán un bonito eclipse parcial. Más o menos profundo dependiendo de la latitud del lugar de observación. Pueden calcular la altura del Sol, y el principio y final del eclipse parcial, consultando los mapas interactivos de la FAAE o de la aplicación ECLIPSI 2.0.

Todas las ubicaciones, tiempos y alturas del Sol sobre el horizonte están sacados de la app ECLIPSI 2.0 y de los mapas interactivos de la web de la FAAE (Federación Asociaciones Astronómicas de España). Es posible que si ustedes consultan las mismas fuentes haya pequeñísimas discrepancias de segundos y hasta de algún minuto de tiempo, y de segundos y algún minuto de grado en las alturas del Sol.

Estas pequeñas discrepancias son debidas a que los valores cambian según el punto del mapa donde cliquemos. Los datos que publicamos en este libro son bastante precisos, pero recomendamos basarse siempre en los datos de la ubicación desde donde hagamos las observaciones.

Tiene como referencia los mapas anexos, pero le recomiendo que entre en la web de la FAAE (Federación de Asociaciones Astronómicas de España) (https://federacionastronomica.es/) y que busque el banner de "Eclipses en España 2026-2027-2028", clique el eclipse del 26 de enero de 2028 (https://eclipse-spain.es/index.php/es/eclipse-anular-de-sol-2028-26-de-enero) y acceda directamente a los mapas interactivos del eclipse. Si va clicando a lo largo del mapa saldrán unas leyendas con toda la información que necesita saber: tiempos, contactos de la Umbra, altura del Sol, velocidad de la Umbra, anchura de la zona de Umbra, etc. Incluso existe la posibilidad de consultar datos sobre la elevación del terreno y los perfiles del horizonte en el lugar de observación. Vale la pena investigar un poco y sacarle el máximo beneficio.

Recuerde que las horas están en TU (tiempo universal). La TC (hora civil) se calcula sumando 2 horas al TU en verano y 1 hora al TU en invierno.

CAZADORES DE ECLIPSES

Hay muchas personas interesadas en ver eclipses de Sol, sobre todo totales. Más de las que pueda llegar a imaginar. Y es que, como ya hemos comentado, un eclipse total de Sol es el espectáculo natural más impresionante que podamos ver nunca. De hecho, todo el mundo al menos una vez en la vida deberíamos ver uno. Creo que nos pone a todos en nuestro sitio. Nos da una perspectiva del Cosmos inimaginable: un Universo incontrolable a ojos de unos seres insignificantes. Un baño de realidad, sin duda.

Los eclipses de Sol tienen seguidores fieles. Algunos los llaman cazadores de eclipses, pero también se les conoce como umbráfilos, amantes de las sombras. Existe un *ranking* mundial de cazadores de eclipses y en el puesto número 12 encontramos a Josep Masalles Román, el español que ha visto más eclipses en nuestro país, 43 en total:

- 10 eclipses parciales
- 22 eclipses totales
- 11 eclipses anulares

El *ranking* calcula cuántas horas se ha pasado Josep a la sombra de la Luna: 4 días, 5 horas, 21 minutos y 1 segundo. De las cuales, 58 minutos y 16 segundos en tiempo de totalidad; y 41 minutos y 9 segundos en tiempo de anularidad. En su periplo ha visitado más de 22 países. El segundo español en el *ranking* está en la posición 61, con 25 eclipses. Se trata de Frank A. Rodríguez, que ha visitado 14 países persiguiendo eclipses.

Hace años que conozco a Josep Masalles. Compartimos la misma pasión por la astronomía y hemos ido coincidiendo en congresos, Stars Party y eventos relacionados con la astronomía. Josep es ingeniero industrial y licenciado en Física de la Tierra y el Cosmos. Es el actual presidente de Aster, Agrupació Astronòmica de Barcelona. Tiene un blog donde explica sus peripecias astronómicas y donde cuelga unas imágenes espectaculares.

Le comenté a Josep que estaba haciendo este manual de observación de eclipses, y le pedí que compartiera alguna de sus experiencias. Expondré las conclusiones como si fuera una entrevista.

Josep, ¿la sensación que tuviste la primera vez que viste un eclipse total de Sol es insuperable?
Fue una sensación muy bonita, impactante, pero en la vida todo se puede superar. Cada eclipse de Sol es diferente. No hay dos iguales. No te defraudan. Es interesante buscar las diferencias entre ellos. Además, hay que tener en cuenta que para observar algunos eclipses hay que viajar mucho. También depende del país que estás visitando, los compañeros de viaje, la meteorología. Hay muchos factores. El primero lo recuerdo con cariño, pero también tengo buenos recuerdos de los siguientes. Cada eclipse tiene su peculiaridad. Todos me han impactado.

¿Qué te atrapó la primera vez que observaste un eclipse, para que los vayas persiguiendo por todo el planeta?
Practico la astronomía desde muy pequeño. Y recuerdo la primera vez que vi un eclipse de Luna. Era un niño, y ver cómo la Luna enrojecía me impactó muchísimo. Fue brutal. También viví en primera persona la llegada del hombre a la Luna, la carrera espacial entre rusos y americanos. Creo que los eclipses de Sol fueron un paso más en mi afición. Un eclipse es una cosa totalmente diferente en astronomía. Por poner un ejemplo, con un telescopio puedes ver una galaxia o una nebulosa en el firmamento. Y puedes volver a ver esos mismos objetos celestes otro día cualquiera. Puedes repetir las veces que te

apetezca y siempre los verás. Los eclipses no. Son un fenómeno irrepetible. El siguiente eclipse es diferente. Y solo se pueden ver en un lugar concreto de la Tierra. Los eclipses, junto a las auroras boreales, son los fenómenos celestes más hermosos que podemos ver los humanos.

Ya veo, fueron muchas cosas las que te motivaron...

¡Poca broma! Que la Luna oculte al Sol en el cielo es una cosa que impacta. Imagina a nuestros antepasados viendo algo que no comprendían. Tenía que ser algo desconcertante. Yo creo que los eclipses reúnen muchas cualidades. Son astronomía, pero también historia, y emociones, sentimientos y un espectáculo maravilloso. Ver la corona solar, cosa que solo podemos hacer con un coronógrafo de telescopio profesional, o un eclipse. Ver las Perlas de Baily o las protuberancias solares. Que se haga de noche en pleno día y que puedas ver los planetas que en ese momento están orbitando cerca del Sol. Ver aparecer de repente a algunas estrellas brillantes.

¿El mayor espectáculo de la naturaleza?

El mayor espectáculo, no destructivo, que nos puede ofrecer la naturaleza. No olvidemos a los volcanes. Ya he comparado a los eclipses con las auroras boreales, pero creo que los eclipses totales son más interesantes. Hay que ir a buscarlos, investigar cómo sucederá y, luego, es un fenómeno que pasa en un momento y se acabó. Las auroras pueden estar activas durante horas. Es diferente.

Entraría dentro de los tres grandes que todos deberíamos ver en la vida

Sí. Observar un eclipse total de Sol, ver auroras boreales y una lluvia de estrellas intensa, donde parece que el cielo se está precipitando sobre nosotros. Aunque yo añadiría un cuarto: ver un supercometa en el cielo a simple vista.

Creo que tú ya has completado esa lista.

(*Riendo*.) Sí creo que sí...

Josep se queda un momento pensativo y añade...

Yo añadiría otro grande... Una supernova cercana. Ver en el cielo cómo explota una estrella, y ver esa estrella brillar en el cielo diurno durante meses.

Si viajas a la otra punta del planeta para ver un eclipse y no lo puedes ver, ¿cómo gestionas la frustración?

Con resignación. Pero tengo que decir que no es lo mismo ver un eclipse que vivirlo. Recuerdo un eclipse en China, en el año 2009, que no pudimos ver porque llovía a mares. Pero aun así fue un espectáculo impresionante. Era sobre mediodía, y ya he dicho que llovía a mares. Pues a la hora del eclipse se hizo la oscuridad más absoluta. Y eso es algo poco usual. La gente que no ha visto nunca un eclipse total cree que durante la ocultación máxima se hace de noche. No es exactamente así. Se forma una especie de crepúsculo grisáceo, pero nunca noche cerrada. Menos esa vez en China. Era un eclipse muy largo y a pesar de no verlo en directo sí puedo decir que lo viví con mucha intensidad. Otro eclipse que tampoco pudimos ver fue el de la Antártida, porque nos nevó todo el rato. Pero la experiencia de visitar el continente antártico fue suficiente.

¿Qué te gusta más de la experiencia de ver un eclipse?

Un eclipse se vive y disfruta de muchas maneras. Primero hay que programar el viaje: adónde irás, vuelos, alojamiento, acompañantes, material que llevarás, cómo sucederá. Luego hay que vivirlo y volver a casa con el trabajo hecho y los recuerdos de esa experiencia.

Cuando vas a observar un eclipse total, ¿eliges la zona donde el eclipse es más largo?

Busco acercarme a la centralidad, pero no es lo más importante. Las condiciones meteorológicas son lo que marcan el lugar de observación. Más vale ir a un lugar donde la Umbra de la totalidad sea un poco más corta, pero las condiciones sean mejores para observarlo con éxito. Más vale un minuto bueno que dos malos.

¿Qué material sueles llevar a los eclipses?

Dependiendo de la situación del eclipse. Cuando viajas estás limitado por el equipaje y el peso del mismo. Grabé un eclipse, creo que fue el último en Argentina, con una camarita de vídeo muy sencilla, pero con *zoom*, y un filtro solar tipo Mylar. Y quedó fenomenal. Si el eclipse se produce en un lugar más o menos cercano a mi domicilio, y puedo desplazarme en coche, voy más cargado. Normalmente llevo un trípode fotográfico con un soporte transversal al que puedo acoplar dos cámaras a la vez, cámaras electrónicas tipo EVIL, que pesan poco y tienen un buen *zoom*.

¿Qué filtro de protección solar utilizas?

Compro láminas de filtro solar tipo Mylar, las de Baader Planetarium van muy bien, y recorto los filtros y los monto en soportes adecuados. Trabajo con esto porque pesa poco y es muy seguro. Eso sí, hay dos tipos de filtros con estas características, el de uso fotográfico y el de uso visual. El más seguro es el de uso visual, que además también sirve para hacer fotografía. Recomiendo usar el visual para todo. Así evitamos confusiones y accidentes.

¿Has usado alguna vez el teléfono móvil para fotografiar un eclipse?

Yo personalmente no lo he utilizado nunca. Pero recuerdo que en el eclipse de Argentina unas compañeras de viaje hicieron unas fotografías muy interesantes con el teléfono. Se pusieron detrás de mí e hicieron una fotografía donde se apreciaba el eclipse en la pantalla de mi cámara digital con el paisaje de fondo. En el eclipse de 2026, el Sol estará tan cerca del horizonte que los teléfonos móviles tendrán un papel relevante. Habrá mucha foto de paisaje con el Sol eclipsado. Pero creo que será más bien un recurso de la gente que solo querrá un recuerdo del eclipse y no de los aficionados que haremos un seguimiento completo. El anular del 2028 será muy similar en altura.

Dentro de tu gran experiencia, ¿recuerdas algún fenómeno interesante relacionado con los eclipses?

Siempre pasan cosas durante un eclipse. Cosas relacionadas directamente con él, cosas muy interesantes, pero no olvidemos nunca que lo más interesante es el eclipse. Debemos centrarnos en él. La totalidad pasa muy rápido y no podemos perder tiempo haciendo experimentos mientras eso sucede. Tenemos las sombras ondulantes o voladoras, que son líneas delgadas y ondulantes de luz y sombra alternada. Se pueden ver justo antes y después de la totalidad. Mejor si estiramos una sábana blanca en el suelo. Son difíciles de ver y no siempre se consigue. Otro fenómeno es la proyección de lunitas en el suelo que sucede cuando el sol eclipsado se filtra a través de las hojas de los árboles y proyecta la forma del Sol eclipsado en el suelo. Tiene forma de infinidad de lunitas menguantes. Es muy curioso de ver. El comportamiento de los animales también es muy curioso. Recuerdo un eclipse en Australia en el que las aves empezaron a gritar desde los árboles, como si se hubieran vuelto locas, durante el máximo del eclipse. O en el eclipse de Kenia, donde una cabra empezó a comportarse de forma extraña y alocada durante la ocultación del Sol. Pero tampoco podemos olvidarnos del comportamiento de los humanos durante el eclipse. Se forma una especie de montaña rusa de sentimientos. La gente grita, o llora, o ríe de manera incontrolada. O sea que a veces, en los eclipses, también nos comportamos de manera irracional, aun sabiendo lo que está pasando. Yo acostumbro grabar un vídeo durante el eclipse y luego lo visualizo y también quedan grabados los sonidos de los animales y la reacción de la gente.

Hablando de personas…, ¿cómo deberíamos gestionar la llegada al lugar de observación y la posterior salida cuando se acabe el eclipse?

Si hablamos del eclipse de 2026, donde España es el país más favorable para verlo, tendremos muchos visitantes, y muchos desplazamientos de gente de aquí. Desde la Comisión Nacional del Eclipse hay mucho temor de que los colapsos en la carretera impidan el paso de los servicios de emergencias en caso de necesidad. Yo creo que la llegada al lugar de observación se hará con tiempo suficiente y de manera escalonada. Será conveniente no viajar el mismo día del eclipse. Creo que el problema vendrá cuando se acabe el eclipse. Todo el mundo se querrá ir a la misma hora. Lo más sensato será marcharse al día siguiente. En todos los países que he visitado para ver un eclipse no ha habido problemas de tráfico importantes. Pero claro, hay algunas excepciones, como el eclipse de Francia en 1999 y el de Estados Unidos en 2024, donde grandes colapsos circulatorios provocaron que mucha gente viera el eclipse desde el coche.

¿Y algún consejo para el alojamiento?

Ahora mismo, y vuelvo a hablar del eclipse de 2026, si buscas alojamiento dentro de la franja de ocultación del eclipse verás que todos los hoteles están llenos para esas fechas. En una entrevista que me hicieron para la revista *Sky&Telescope* me hicieron muchas preguntas sobre Mallorca. Se ve que los estadounidenses apostarán por las Baleares. No sé si porque quieren ver el eclipse con el Sol tocando el horizonte marítimo o porque Mallorca es un importante centro turístico mundial. La entrevista es de hace un año, o sea, interés por el alojamiento dos años antes de que suceda el eclipse. Estará la cosa complicada. Yo empezaría a buscar ya alojamiento para los eclipses de 2027 y de 2028.

¿Has elegido ya lugar para observar el eclipse?

Ya sabes que soy el actual presidente de Aster, y con la agrupación hemos reservado un hotel al Sur de la provincia de Zaragoza.] Pero ya les he advertido que no me comprometo al 100 % de ir allí al final. Tengo un plan B, bueno, un par de lugares, en la zona de Palencia. Tengo visto un lugar por Soria. Y me estoy pensando una ubicación en Asturias y otra en Mallorca. Tengo reservas hechas en dos ubicaciones, pero no me cierro a nada.

¿Seis posibles ubicaciones? Yo solo tengo plan A y plan B.

Siete. También podría verlo desde casa. Yo vivo en Vilanova y la Geltrú, que está en el límite de la franja de ocultación. Creo que tendremos una ocultación de aproximadamente 17 segundos. Estoy abierto a todo. Ya veremos la meteorología a última hora. En Vilanova es posible que haya tormentas de verano y no sea el mejor sitio.

Continuamos hablando de nuestras cosas y acabamos la entrevista. Una entrevista muy provechosa llena de buenos consejos. Consejos de la persona más experta de España en la observación de eclipses de Sol.

¡Muchas gracias Josep!

Y abusando de la generosidad de Josep Masalles, añado un link de su blog:

https://astronomia.josepmasalles.cat/

En el siguiente link podrá ver fotografías y vídeos de los 43 eclipses vistos por Josep:

https://astronomia.josepmasalles.cat/eclipsis-de-sol/

Y el *ranking* de cazadores de eclipses:

https://www.eclipse-chaser-log.com/eclipse-log

2017.08.21 - 17h25m UT
Huntington (Oregon) - USA

Josep Masalles Román

Totalidad en Huntington (USA), 2017.
Fotografía: archivo personal de Josep Masalles.

CONCLUSIONES

Tenemos tres oportunidades únicas en nuestro país para ver tres eclipses maravillosos: dos totales y uno anular. No las desaprovechemos, porque son tres ocasiones únicas.

También es muy posible que estos fenómenos creen afición. ¿Quién sabe? A lo mejor algunas de las personas que están leyendo estas líneas, después de ver estos eclipses, decidan ver alguno más. Tocará viajar, hacer muchos kilómetros y ver países nuevos; alicientes casi tan importantes como el eclipse mismo.

Observar el Sol o un eclipse solar no es peligroso si se toman las medidas de protección necesarias. ¡Por favor! No utilice inventos. La protección ocular ha de ser la homologada. Aproveche las gafas que regalamos con este libro. No use otros métodos si no está seguro de su efectividad.

Si tiene una agrupación astronómica cerca, vaya a visitarla y pida asesoramiento. Estarán encantados en ayudarle. Si hacen observaciones públicas (acostumbran a ser gratuitas), vaya y observe por los telescopios. Es igual que sea de día (observación solar) o de noche.

Si compra material para observar el eclipse (cámara, telescopio, montura, trípodes, filtros...), pruébelo mucho antes del eclipse. No lo deje para última hora. Practique.

No vaya al lugar de observación cinco minutos antes del eclipse. Anticípese. Lleve comida, agua, protección solar, gorras, gafas de sol, sombrilla y compañía. Ármese de paciencia.

Cuando acabe el eclipse no se vaya enseguida. Las carreteras se colapsarán. Espere unas horas.

Si durante el eclipse ve que alguien de su entorno, o algún otro observador, no toma las medidas de protección adecuadas para observar el Sol, adviértale de los peligros que eso conlleva. Más vale compartir sus gafas de observar eclipses que llevar a alguien a urgencias.

Si es su primer eclipse, no se agobie con cámaras y telescopios. Unas gafas de observar eclipses serán suficientes para disfrutar la experiencia.

UNA ADVERTENCIA FINAL

Cada verano nuestro país sufre incendios devastadores. Los dos primeros eclipses, el de 2026 y el de 2027, se producirán en plena canícula estival. El riesgo de incendio será muy alto. Cumpla a rajatabla las instrucciones de las autoridades en los espacios naturales en los que observe los eclipses. Que su presencia no origine un incendio de manera accidental. Recoja todos los residuos que genere, en especial, botellas de vidrio, latas y otros elementos que puedan provocar un incendio a corto o a largo plazo.

ECLIPSES DE LUNA

Este libro trata sobre eclipses de Sol, pero creo adecuado dar unas pinceladas sobre los eclipses de Luna, porque están relacionados.

Un eclipse de Luna se produce cuando la Tierra se interpone entre el Sol y la Luna. El Sol y la Tierra se alinean de tal manera que la sombra de la Tierra oscurece el disco lunar. Ocurren con más frecuencia que los eclipses solares porque el cono de sombra que proyecta la Tierra es, aproximadamente, cinco veces el diámetro lunar y la alineación Sol-Tierra-Luna no tiene que ser tan precisa como en los eclipses de Sol.

Cuando se produce un eclipse de Luna, la Tierra proyecta dos tipos de sombra sobre nuestro satélite:

- Umbra, más oscura.

- Penumbra, menos oscura.

A causa de estos tipos de sombra, los eclipses lunares pueden ser de diferentes tipos:

- Penumbrales

- Parciales

- Totales

Se puede deducir perfectamente qué sucede en cada tipo, pero vamos a detallarlo. En los eclipses de Luna las sombras siempre empiezan a tocar el borde lunar por el Oeste. Van de Oeste a Este lunar.

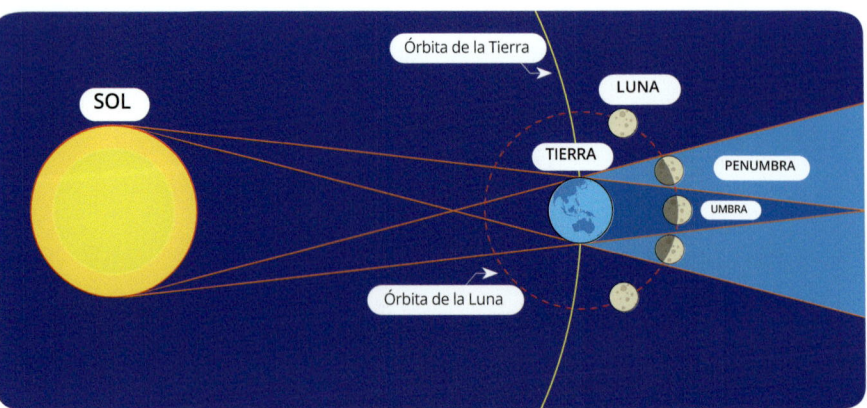

ECLIPSES DE LUNA. Los eclipses de Luna se pueden observar perfectamente a simple vista. También podemos utilizar prismáticos y telescopios. No hace falta que pongamos filtros de protección. La observación de la Luna no es peligrosa para nuestra vista, pero muchos astrónomos aficionados colocamos filtros atenuadores de brillo (filtro lunar) para apagar el brillo del disco lunar y poder ver más detalles en su superficie.

OBSERVAR LA LUNA. Al contrario de lo que cree mucha gente, la Luna llena no es el objeto más observado con telescopio por los astrónomos aficionados. Exceptuando los días de eclipse de Luna o de ocultaciones de planetas y estrellas por la Luna, claro. El motivo es que la superficie excesivamente iluminada hace que los detalles lunares queden difuminados. Las mejores zonas para observar la Luna con telescopio es el terminador lunar, en cuarto creciente o cuarto menguante, es decir, la frontera entre la parte iluminada y la oscura. En estas zonas, que cambian cada día por el avance de la fase lunar, podremos ver los cráteres en relieve a causa del contraste de sombras.

Los eclipses penumbrales suceden cuando la Luna atraviesa la parte de sombra penumbral que proyecta la Tierra. En estos casos, a medida que la Luna se va sumergiendo en la Penumbra, sufre un leve oscurecimiento en el borde Oeste lunar. Es algo parecido a una ligera niebla que enturbia su imagen. Esta neblina irá avanzando hasta cubrir la superficie lunar en unas horas y después veremos cómo el borde Oeste se empieza a aclarar.

Este aclaramiento avanza hacia el Este hasta que la Luna vuelve a recuperar su brillo habitual. Los eclipses penumbrales son muy tenues y difíciles de apreciar. Fotográficamente se pueden observar mejor.

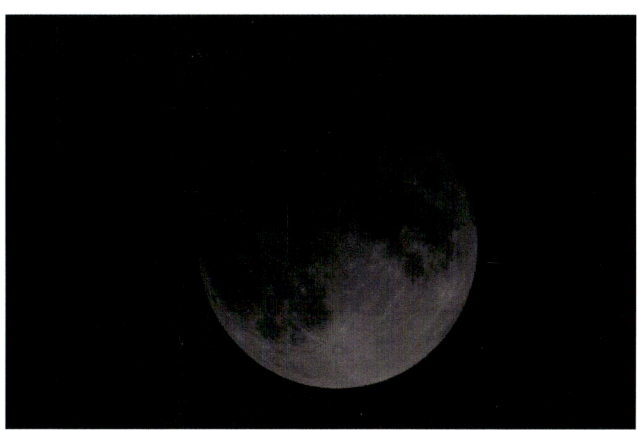

Eclipse penumbral de Luna, el 10 febrero de 2017. Fotografía: Jordi Lopesino.

Un eclipse parcial de Luna sucede cuando el disco Lunar atraviesa primero la zona de Penumbra y después SOLO una parte del disco lunar atraviesa la zona de Umbra. Dependiendo de la posición de la Luna en la órbita, la parcialidad será más o menos profunda. El efecto es muy similar a un eclipse parcial de Sol en el cual el Sol presenta una "mordida". En el parcial de Luna, nuestro satélite también presenta una mordida oscura, producida por la Umbra de la Tierra.

Eclipse parcial de Luna, el 16 julio de 2019. Fotografía: Jordi Lopesino.

En estos casos, la observación sería así: empezaríamos por la fase Penumbral, que ya hemos detallado. Cuando la Luna empieza a sumergirse en la Umbra veremos que se empieza a oscurecer por el Oeste. A medida que se introduce más en la Umbra el oscurecimiento se hace más evidente y empieza a formarse la "mordida"; que puede ser muy pequeña u ocupar una parte importante de la superficie lunar. La zona de neblina de la Penumbra se mantiene en la zona no afectada por la Umbra, pero el contraste es tan grande que no lo podremos casi distinguir. A medida que la Luna se mueve por la Umbra el "mordisco" se va desplazando o creciendo (depende de la posición de la Luna) hasta que empieza a disminuir porque la Luna está abandonando la parte oscura de la sombra terrestre. Acaba cuando la Luna abandona la zona penumbral. Dependiendo de la profundidad del eclipse, la Luna se puede teñir de un tinte rosáceo.

Los eclipses totales suceden cuando la Luna se sumerge de pleno en la Umbra de la Tierra. Pasan por todas las fases: penumbral, parcial, total, parcial, penumbral. La fase penumbral, de entrada y salida, es exactamente igual a lo comentado. En la fase de parcialidad de un eclipse total de Luna veremos que el "mordisco" invade la superficie lunar hasta que la cubre por completo. Al principio de la parcialidad la luna presenta un mordisco de sombra negra, pero, a partir de un poco más de la mitad de la superficie lunar eclipsada, esta va adquiriendo un tono rojizo muy característico. Este color proviene de la luz de Sol que atraviesa las capas de la atmósfera terrestre. La luz se refracta y por eso la vemos de color rojo. Si un astronauta que estuviera en ese momento en la Luna mirara hacia la Tierra vería el disco oscuro de la Tierra tapando al Sol y una aureola roja alrededor.

Eclipse total de Luna, el 21 enero de 2019. Fotografía: Jordi Lopesino.

Los tiempos de un eclipse lunar son largos. Una hora para la fase penumbral de entrada, una hora más para la parcialidad, hora u hora y media para la fase de totalidad, 1 hora más para la parcialidad de salida y una hora para la penumbral de salida. En total, más de cinco horas.

Los eclipses lunares, sean del tipo que sea, son visibles en toda la superficie de la Tierra que tenga la Luna visible en ese momento. Son mucho más fáciles de ver que los de Sol y no necesitan de largos desplazamientos.

Próximos eclipses de Luna

Visibles desde nuestro país:

- Eclipse parcial de Luna, 28 de agosto 2026
- Eclipse penumbra de Luna, 20 de febrero 2027
- Eclipse parcial de Luna, 12 de enero de 2028

Para saber las horas exactas de estos eclipses le remito a consultar la app ECLIPSI 2.0, donde tendrá toda la información necesaria de estos y muchos más.

Agradecimientos

Este libro no sería el mismo sin la inestimable ayuda de unos cuantos amigos y compañeros de afición. Gracias a Ferran Grau por sus consejos después de la lectura del primer manuscrito; los he seguido al pie de la letra. Gracias también a Javier Ruiz y a José Muñoz por sus maravillosas imágenes del Sol. Ambos son especialistas y maestros en este tema. Y cómo no, gracias a Josep Masalles por dejarse entrevistar y compartir su sabiduría con todos nosotros.

Y gracias a usted, lector, por confiar en este libro y en su contenido. Espero, de corazón, que le sea útil en la observación de los eclipses. ¡Nos vemos a la sombra de la luna!